细节决定一切

XIJIE JUEDING YIQIE

杜 婷◎编著

北方联合出版传媒（集团）股份有限公司
万卷出版公司

图书在版编目（CIP）数据

细节决定一切 / 杜婷编著 .— 沈阳：万卷出版公司，2014.10（2022.1 重印）
（典藏 / 吴昊主编）
ISBN 978-7-5470-3216-9

Ⅰ．①细… Ⅱ．①杜… Ⅲ．①成功心理－通俗读物
Ⅳ．① B848.4-49

中国版本图书馆 CIP 数据核字（2014）第 198175 号

出版发行：北方联合出版传媒（集团）股份有限公司
万卷出版公司
（地址：沈阳市和平区十一纬路25号 邮编：110003）
印 刷 者：北京一鑫印务有限责任公司
经 销 者：全国新华书店
幅面尺寸：178mm × 254mm
字 数：260千字
印 张：17
出版时间：2014年10月第1版
印刷时间：2022年1月第3次印刷
责任编辑：张洋洋
封面设计：范 娇
版式设计：范 娇
责任校对：高 辉
ISBN 978-7-5470-3216-9
定 价：65.00元

联系电话：024-23284090
邮购热线：024-23284050
传 真：024-23284521

经典之藏，心灵之旅

读书是一件辛苦的事，读书又是一件愉悦的事。读书是求知的理性选择，同时，读书又是人们内在自发的精神需求。不同的读书者总会有不同的读书体验，但对经典之藏，对精品之选的渴求却永远存在。

传统上，读书是求学的手段，千百年来，人类知识的传承，最重要的总是通过书籍的记载与传述。因为有了书，人类才可以文脉延续，薪火相传。西哲说：书籍是人类进步的阶梯。因而，先贤们都把读书当作高尚而庄重的事情，赋予读书神圣、光荣的使命感。故此，韦编三绝、悬梁刺股，以及凿壁、囊萤、映雪等等，就成了刻苦求学的典型，千百年来成为人们效法的楷模。于是，寒门学子挑灯夜读，富家子弟潜心求学，或诚心拜师，或自学成才，诸如此类的事例，就成了激励学子上进求学的传说故事而广泛流传。

书籍除了自身寓含的教化功能外，还能让人感到身心的愉悦和快乐。在文化生活极度匮乏的年代，人们极力去寻找各种承载文明的载体，来填塞文化需求的饥渴。一本残破小书，可以在上百人的手中传递和阅读，看完后仍意犹未尽，不忍释卷。彼时，人们读书如饥似渴，却并无黄金屋、颜如玉一类的功利目的，有的只是内心的精神需求，读书的愉悦与快乐正在于此。仲春季节，读书间隙，推窗而立，鸟语花香扑面而来，内心深处则有禾苗拔节的哔剥之声回响；炎炎夏日，一卷在手，品茗读书，摇扇驱蚊，自然能感受到心灵的清凉和愉悦；秋风瑟瑟，听窗外传来淅淅沥沥的雨声，嘬一口酽茶，想起“风声雨声读书声”的名联，便会发出会心的微笑；数九严冬，寒意砭骨，围炉夜读或雪夜捧卷，书香入腹，情暖人心，又能体验到视通万里、思接千载的悠悠遐思。

无论是求学求知还是寻求精神上的愉悦，读书都是我们的一种心灵之旅，是接受自我内心的召唤和灵魂的导引上路，让自己再次起飞得到新生的力量。变换的风景，奇异的遭遇，萍逢的客人……这一切旅途中可能发生的事件，都会在我们读过的书籍中出现，它们强烈地超出了我们已知的范畴，以一种陌生和挑战的姿态，敦促我们警醒，唤起我们好奇。在我们被琐碎磨损的生命里，张扬起绿色的旗帜；在我们刻板疲惫的生活中，注入新鲜的活力。

正因为读书之益，读书之趣，我们才对书籍本身挑剔起来。试想，灵魂之伴侣如何可以等闲视之呢？一本书的好坏，总会有无数人来品评，既有芸芸众者即兴点评，又有专家学者细心解析，然而，书籍最终的裁定者是历史而不是某一种潮流。随着时光的淘汰，留下来的经典之作渐渐走进更多人的视野，留在人们的案头，成为经典之藏。

“典藏”之作正如伴随我们的益友，多闻、博大、精彩而有趣，这样的益友，需要人们用心地品读，细心地筛选，最终把最好的“朋友”留在自己的身边。我们的“典藏”正是帮助读者挑“益友”的一种尝试，希望能把经典的、有价值的或者有趣的书籍放在读者的案头，让它们像朋友一样陪伴每一位读者走上自己的心灵之旅。

当我们打开书本，走进属于自己的心灵世界，自然能够体验那种君临一切的奇特感觉。此时心如止水，宁静安然，恰如室外无言的星月，美文佳句不期而至时，或击案称绝，或吟哦出声，甘之如饴。愿这“典藏”之作能给我们的心灵留下一块绿荫，助大家在自己的漫漫行旅中搭起一座可供休憩的风雨亭，对抗庞大、芜杂、纷繁的外界侵扰。

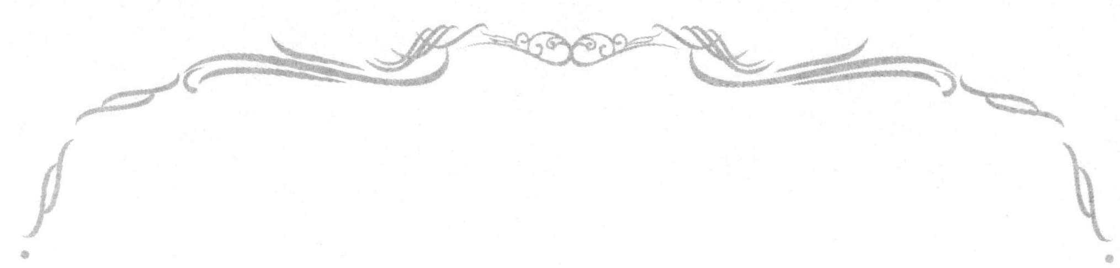

细节决定一切

所谓细节，就是一个整体中极为细小的组成部分，或是一个系统中平时极易被人们忽略的环节。从某种意义上说，人生就是由一个个微小的细节连缀而成的，生活就是由一个个细节组成的。这不起眼的细节，看在眼里，便是风景，握在掌心，便是花朵，揣在怀里，便是阳光。细小的事情往往发挥着重大的作用。

“天下大事，必作于细。”先人这句睿语道出了生活本质：生活的一切原本都是由细节构成的。生活就像无限拉长的链条，细节就如链条上的链扣。没有链扣，哪有链条？人的一生中，许多往事会随着时间流逝而封存于记忆，但许多日常生活中的细节却依然清晰，它让我们感受到生活是那样璀璨，那样芬芳。

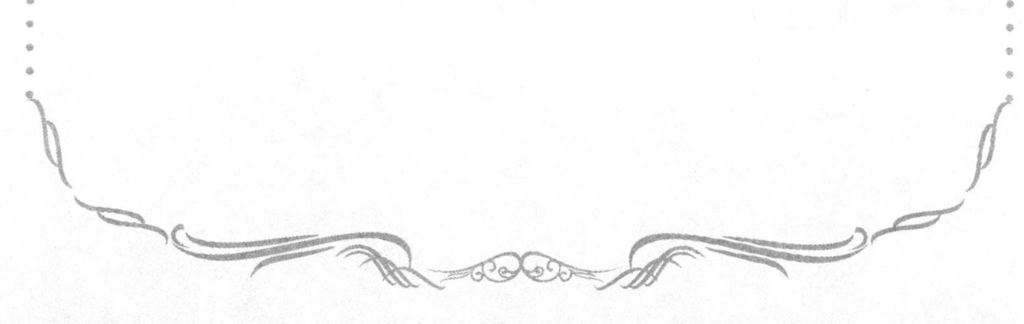

目　录

细节决定一切 第一章

千里之堤毁于蚁穴：不得不重视的细节

“工欲善其事，必先利其器。”生活常常是由一件件琐碎的事情组成，然而，这些琐事如若不认真处理，极有可能给你带来很大的困扰，甚至酿成大祸。古人常说的“千里之堤，毁于蚁穴”就是这个道理。所以，细节不容忽视。

细节可以影响别人如何看待你以及对自我的看法，细节的展示可以让你以专业的水准与别人进行交流和沟通，展示你处理事务的能力。一些细节多数人并不在意或者根本没有意识到，而当真正重视起来的时候却是悔不当初。细节不仅决定成败，更决定了人的一生，所以，你不得不重视细节。大到企业，小到一个人，从做人到做事都需要关注细节，从一点一滴的小事做起，只有这样，才有可能成功，因为机遇也藏在细微的细节之中。所以从现在开始，从扫一屋开始去扫天下。这就需要做生活的有心人，养成注重细节的良好习惯；将目标细化，做到有的放矢；树立时间观念，提高效率；从细节出发寻找创新点；只有见微知著，才能为将来美好的人生奠定一个良好的基础。

可怕的多米诺效应：一字之差满盘皆输

什么是细节？有两种解释：一是无关紧要的小事、小节。二是细小的情节。情节大多适用于故事当中，因而第一种解释在我们的生活中应用得更加普遍。既然细节被认为是细枝末节，不过是一些微不足道的小事，所以通常“为人有志，不修细节”“行大事不拘小节”“谨小慎微”“拘于小节”等就用来形容过分注重细节的人；但同时古人又有“一着不慎，满盘皆输”“见微知著”“勿以善小而不为，勿以恶小而为之”“一屋不扫何以扫天下”“蝼蚁之穴溃千里之堤”的说法；西方谚语中也有“细节是魔鬼”的说法，那么，到底应该怎样去理解细节？

其实，生活本就是由细节构成的，如果想要保持事务的正常运转，细节就成为人们不得不重视的一个问题。让我们看个例子：

公元前555年，正是春秋硝烟四起的时候。当时，齐国率领军队攻打鲁国。鲁国抵挡不住，只能求救于晋国。晋国为了与齐国争夺霸主地位，召集郑国、宋国等十一路诸侯，一起出兵攻打齐国。晋国采用声东击西的战术，将主力分为两部分，一部留在城门前虚张声势，故布疑兵，另一部迂回越过沂蒙山，偷袭齐都临淄。齐国国君得知这个消息，就亲自率领大军前去迎战，准备和晋国决一雌雄。第一次交锋是在城外，齐国遭受到了前所未有的损失。晋王故布疑兵，让齐国认为晋国军队非常强大。当天晚上，齐国国君无心恋战，慌忙撤军。为防止意外，齐国国君下达回国的命令非常谨慎，连手下的一些将领都不清楚。齐军卸下铠甲武器，马蹄裹上厚布，勒紧马嘴，秘密撤退，甚至连平阳城的百姓都没有惊动，齐国国君自以为此次行动神不知鬼不觉，可以安然撤离。然而万万没想到，晋国军队还是冲杀了过来。最后，齐国大败。

齐军撤退的消息是否泄露？其实当时齐军撤离的时候，晋国国君正在中军帐内召集诸侯商讨来日攻城的计策，晋军根本不知道平阳城里的情况。原来是晋国乐师师旷闲来无事在城外赏月时听到平阳城内传来了乌鸦的悲鸣声，又听到了马匹嘶叫寻找同伴的声音，对声音敏感的师旷就猜到了齐国要弃城逃走。

于是，师旷连夜拜见晋王说："齐国军队打算放弃平阳城逃走。"师旷解释说："我是乐师，对各种声音都非常敏感。平阳城内乌鸦的悲鸣和马的嘶叫声都极不寻常，肯定是齐国军队想要连夜撤退。大王，机不可失，请尽快做出决策。"最终，晋国国君听从了师旷的建议，向平阳城发起了进攻，一路追击，大败齐军。

1930年5月，蒋介石、冯玉祥、阎锡山在河南南部进行了大规模的中原大战，双方投入的兵力达百万之众。战前，冯玉祥和阎锡山为了更好地讨伐蒋军，商定率军在河南北部的沁阳会师，然后集中兵力一举歼灭驻守在河南的蒋军。但是，冯玉祥的一位作战参谋在拟订命令时，误把"沁阳"写成"泌阳"。恰巧河南南部有一个泌阳，该地与沁阳相距数百公里。这样一来，就使冯玉祥的军队误入泌阳，因而贻误了聚歼蒋军的有利战机，让蒋军争得了主动权。在近半年时间的中原大战中，冯玉祥军队处处被动挨打，最后导致中原大战以蒋的胜利、冯玉祥和阎锡山的联军失败而结束。

齐国的撤退计划可谓环环相扣，自认为是密不透风，却不料泄露了行踪，被师旷发现了他们的意图，导致功亏一篑，虽然他们在细节上做足了功夫，但是仍然败在了细节上。而冯玉祥的失败同样是由于在细节上沟通不畅导致的严重后果。

查尔斯·狄更斯在他的作品《一年到头》中说道："有人曾经被问到这样一个问题：'什么是天才？'他回答说：'天才就是注意细节的人。'在西方一首流传很广的民谣《帝国亡于铁钉》是这样说的：铁钉缺，马蹄裂；

马蹄裂，战马蹶；战马蹶，骑士跌；骑士跌，军团削；军团削，战士折；战士折，帝国灭。许多事情就像是多米诺骨牌一样，一旦触发，后果可能不堪设想。行为决定习惯，习惯决定性格，性格决定命运；而每一种行为都是从细节处开始的，一个优秀的人身上总是有良好的行为习惯和注重细节的品质。因此，要想成为一个优秀的人就必须从培养良好的习惯和细节入手。一个人的失败往往不是被竞争对手打败，而是被自己打败了，被自己工作中所表现出来的一些不良细节打败了。例如，不注意形象和礼节、工作马虎……这些细节在一些人看来不算什么，但许多事情一旦触发，后果可能不堪设想。这些细节就成了人生命运的突破口。其实，人与人之间在能力方面的差别并不大，但不同的人做事的效果却大不相同。差别就在于工作态度和个人素养，而这却关乎核心竞争力。所以，在众多竞争对手参加角逐的晋升斗争中，我们靠什么来获取优势？就是要从细节入手，扎扎实实地提高自身修养，有了良好的修养，在机遇到来时才能更好地抓住。

非洲草原那郁郁葱葱的植物和种类繁多的动物让我们神往不已，可是如果真让那些喜欢大自然的人在那里住一段时间的话，又常常会感到受不了。这不仅仅是因为那里的天气酷热难耐，更多时候让人们感到难以忍受的其实是那些无处不在的、以吸血为生的小动物。这种叫吸血蝙蝠的小动物在非洲草原上随处可见，它小得有些不起眼，不过吸血的本领却一流，每年死在吸血小蝙蝠嘴下的野马不计其数。这一现象引起了研究人员的注意，他们将几十部特制的微型摄像机放到了野马出没的地方，经过几天的跟踪拍摄，终于看到了野马与吸血小蝙蝠“搏斗”的全过程。

吸血小蝙蝠轻轻地附在野马腿上，然后用锋利的牙齿迅速刺破野马腿上的一块皮肤，同时开始用尖尖的嘴伸到伤口处用力吸血。感到疼痛的野马迅速踢腿、狂奔，可是任凭野马怎样剧烈运动，吸血小蝙蝠都不肯放弃，仍然将嘴埋在那里用力吸血。野马越是剧烈地运动，伤口处的血就越是往外涌，这会吸引更多的吸血小蝙蝠。当越来越多的吸血小蝙蝠飞来的时候，野马仍然不停地奔跑，使劲儿用力踢踏脚下的植物。吸血小蝙蝠们终于吸得肚皮鼓鼓地飞去，可是野马却被它们折腾得愤怒至极，到处横冲直撞，简直就像发了疯一样不住地奔跑，最后终于在精疲力竭中死去。

研究人员对这些影像资料进行反复分析之后，又结合吸血小蝙蝠的吸血量和野马的体格特征进行深入研究，结果他们最后得出这样的结论：吸血小蝙蝠吸取的血量对于野马来说其实是微不足道的，真正使野马死去的原因，根本就不是失去的这些鲜血，而是野马在被小蝙蝠袭击之后的暴怒和剧烈运动。也就是说，如果野马能够按捺住怒气，不理会吸血小蝙蝠的袭击，任凭小蝙蝠吃个饱，它也不会失去多少血，更不会因此丧命。

面对强敌，人们常常依靠勇气和毅力来唤醒无尽的潜力，最终获得胜利的往往是自己；可是当面对微不足道的小事时，人们往往不能沉着冷静地处理，结果因为小事扰乱了心绪和生活，使人们最终在琐碎的烦恼中终其一生。

一粒沙子，可以磨烂你的脚板，让你的旅途疲惫不堪，可是，同是这一粒沙子也可以孕育出璀璨的珍珠。真正重视起细节并善于处理好人生中的关键细节，你就能比别人更快地获得改变命运的机会，从而改变自己的人生。

其实，细节应该是指细节背后所体现出来的严谨负责、一丝不苟的工作态度和科学规范、精益求精的工作作风。

现代社会生活节奏日益加快，人与人相处没有更多的时间去“日久见人心”，判断一个人更喜欢从细节出发。因为一个人的思维和行动是有惯性的，以怎样的态度对待细节，就会有怎样的态度对待大事，一个不拘小节的人很难在面对大事时思维缜密；同样一个平时就心思细密的人很难在面对大事时不去精益求精。

20世纪世界最伟大的建筑大师之一的路德维希·密斯·凡·德罗，在被要求用一句话来描述他成功的原因时，他只说了五个字：“魔鬼在细节（Devils are in the details）”。他反复强调的是，不管你的建筑设计方案如何恢宏大气，如果对细节的把握不到位，就不能称之为一件好作品。细节的准确、生动可以成就一件伟大的作品，细节的疏忽会毁坏一个宏伟的规划。当今全美最好的戏剧院不少出自他之手。他在设计每个剧院时，都要精确测算每个座位与音响、舞台之间的距离以及因为距离差异而导致不同的听觉、视觉感受，计算哪些座位可以获得欣赏歌剧的最佳音响效果，哪些座位最适合欣赏交响乐，不同位置的座位需要做哪些调整方可达到欣赏芭蕾舞的最佳视觉效果。最重要的是，他在设计剧院时要一个座位、一个座位地去亲自测试和敲打，根据每个座位的位置测定其合适的摆放方向、大小、倾斜度、螺丝钉的位置等。正是这种细致入微的态度成就了他的事业。

一位管理学家指出，在市场竞争日益激烈残酷的今天，任何细微的东西都可能成为“成大事”或者“乱大谋”的决定性因素。把每一件简单的事做好就是不简单，把每一件平凡的事做好就是不平凡。追求完美的细节，需要高度的责任心、敬业精神和严谨求实的态度，它要求你必须付出数倍多于别人的努力，才能取得超越别人的成就。在这个世界上，最难完成的事情和最容易完成的事情是同一件事，那就是简单的事情，而成功就在于每时每刻能够把简单的事情重复做好。然而，在现实生活中，往往是想做大事的人很多，愿意把小事做细的人不多。我们不仅需要雄才伟略的战略家，同时也需要精益求精的执行者。

所以，做一个真正的人生赢家，不仅需要高瞻远瞩的智慧，而且需要重视细节，树立细节意识，从一点一滴的小事做起。“不论做什么事，你都应该精通它”，而要把事情做到最好，每个人心目中必须有一个很高的标准，而不是一般的标准。在决定事情之前，要进行周密的调查论证，广泛征求意见，尽量把可能发生的情况考虑进去，尽可能避免出现1%的漏洞，直至达到预期效果。这也许是鸡毛蒜皮，但这就是工作，就是生活，是成就大事不可缺少的基础。

在今天，无论做人、做事，都要注重细节，从小事做起。一个不愿做小事的人，是不可能成功的。要想比别人优秀，只有在每一件小事上下功夫。不会做小事的人，也做不出大事来。因此，要担负起自己的责任，做好自己的本职工作，就要从细节做起、从小事做起。无论从事何种职业，都应该专注，尽自己的最大努力，求得不断的进步。这不仅是工作的原则，也是人生的原则。如果能够全身心投入工作，把每件事情做透，终究会获得成功。

大到企业，小到个人，细节都是决定成功的关键。一个企业，如果能把握好运营中的细节，做到尽善尽美，那么企业一定会越来越强大；同样，如果一个人在实现梦想的路上，注重细节的实现，把关键的细节做到、做好，那么他离成功会越来越近。在通往成功的路上，往往一个细节就会成为你的致命要素，一旦这个细节出现了问题，整个过程就会功亏一篑。

细节可以体现一个人的素质，只有一丝不苟的人，才能真正把事情落到实处。从小事做起，认真负责是一种素质。如果连小事都不去努力做好，很难说在大事上有能力做好。

每当做事情时，就应该在心里严格要求自己，设定一个标准。某个事情应该做到什么样的标准，以后做类似的事情时就按照这种标准做，不应偷工减料。在一点一滴的小事上训练自己的素养，让自己变成一个训练有素的人，做更复杂的事情时就会得心应手。

人生固然要有宏大的远景构思，但人生的价值和意义却在生活的平淡琐碎中展现。对于个人而言，无论是说话、办事，还是做人，任何一个小细节都可能产生巨大的影响。一个不经意的细节，往往能够反映出一个人深层次的修养。展示完美的自己很难，因为这需要每一个细节都完美；但毁坏自己却很容易，只要一个细节没注意到，就会给你带来难以挽回的影响。

曾国藩从五个方面来阐述勤："大抵勤则难朽，逸则易坏，凡物皆然。勤之道有五：一曰身勤。险远之路，身往验之；艰苦之境，身亲尝之。二曰眼勤。遇一人，必详细察看；接一文，必反复审阅。三曰手勤。易弃之物，随手收拾；易忘之事，随笔记载。四曰口勤。待同僚，则互相规劝；待下属，则再三训导。五曰心勤。精诚所至，金石亦开；苦思所积，鬼神亦通。五者皆到，无不尽之职矣。"意思是要从生活的各个方面来规范自己的行为，身、心、眼、口、手五个方面都努力去完善了，就做到关注细节了。要细心观察别人，教导下属，劝导同事；对事，要亲自体察，用心体会；对物，要仔细察看，弄得明明白白。所以，细节是细微而隐蔽的，容易被忽略；它逐渐地变化，很难被捕捉，具有伪装性；而且琐碎，繁芜错杂，形式多种多样。细节实际上是一种习惯，一种长期的积累和准备，你如果有足够细心，它就是一种机遇，甚至是一种智慧。只有当你注意到细节的重要性时，你才更容易成功。

机遇藏于细节之中

清朝杭州有个商人名叫史键。他认为经商靠的是天时、地利、人和，而在这三者中又以人和最为重要。于是，他在决定再扩大经营时，最先想到的便是要招一名称心如意的好帮手。

如何才能找到个好帮手呢？史键想出了一个选人的办法。他贴出布告，说明本店招收徒弟的具体条件。经过初步的考察，他确定了三个面试对象，说好了在三人之中取其一。

到了面试那天，来面试的三个人一进门，史键便让他们一起先到厨房吃饭，而后再面谈去留。

当第一个面试者饭后来到店前时，史键问他：“吃饱了没有？”

答说：“吃饱了。”

又问：“吃什么？”

答说：“吃饺子。”

再问：“吃了多少？”

答说：“一大碗。”

史键说：“你先休息一下。”

史键又问第二人：“吃了多少个饺子？”

答说：“40个。”

最后问第三人：“吃了多少个饺子？”

答说：“第一个人吃了50个，第二个人吃了40个，我吃了30个。”

史键当场决定留下第三个人，随即将前两个人打发走了。

史键为什么要留下第三个人呢？他认为：第一个人也许很豪爽，但只管埋头快吃，不细心，不计数，既不知己又不知彼；第二个人只记住自己吃多少，却不管别人，是明于知己，昧于知彼；唯独第三个人可谓既知己又知彼，这正是生意人必须具备的眼观六路、耳听八方的重要素质。果然，第三个人被雇用后，精明能干，会经营、有头脑，很快便成了他的一个得力帮手。

机遇常戴着神秘的面纱，就像个小偷一样，悄无声息地来，走的时候却让人损失惨重，而生活细节本身就潜藏着很好的机会，只要你能敏锐地发现别人没有注意到的空白领域或薄弱环节，找准机会，以小事为突破口，让细节闪耀出光芒，那么，你的工作绩效就有可能得到质的飞跃。其实，机遇隐藏在细节中，你只有挖掘才能找到它；机遇隐藏在日常行事中，你只有细心观察、思考才能发现它。尽管机遇的降临往往是非常偶然的，但又是无处不在的，关键在于你是否有善于发现机会的眼睛。机遇往往隐藏于细节之中，只有关注细节，你才能发现其中的机会。许多成功人士都善于从细节中找到商机，不断地挖掘、开发，最终取得重大成就。

歌德说："大凡成功的人，都善于捕捉机会，并借此登上成功的殿堂。"然而，机会可遇不可求，它并非随处可见。安全刀片大王吉利，在还没有发明刀片以前是一家瓶盖公司的推销员。他从20多岁时就开始节衣缩食，把省下来的钱全用在发明研究中。过了近20年，他仍旧一事无成。1985年夏天，吉利到保斯顿市去出差，在返回的前一天买了火车票。第二天早晨，他起床迟了一点，正匆忙地用刀刮胡子，旅馆的服务员忽匆匆地走进来喊道："再有5分钟，火车就要开了！"吉利听到后，一紧张，不小心把嘴巴刮伤了。吉利一边用纸擦血一边想："如果能发明一种不容易伤皮肤的刀子，一定大受欢迎。"这样，他就埋头钻研。经过千辛万苦之后，吉利终于发明了现在深受欢迎的安全刀片。他摇身一变成了世界安全刀片大王。

成功者之所以能成功，是因为他与别人共处相同的环境时，别人漫不经心，他们却能从中细心地发现自己的目标，最后成就自己的梦想。善于抓住隐藏在生活中的细节，对于平日司空见惯的东西，不妨换个角度去想想，也许成功的机遇就这样来到了你身边。

万有引力定律是牛顿在无意间发现苹果成熟后由树上向下掉这一细节而提出的。瓦特发明蒸汽机是看到沸腾的水壶后，经过仔细研究后发明的；青霉素是弗来明对葡萄糖菌被污染这一细节深入思考之后发明的；浮力定律是阿基米德在洗澡时，注意到洗澡水会溢出澡盆这一细节，并由此获得灵感而发现的。

许多事情并不是你没有看到过、遇见过，而是你没有停下来仔细研究和思考，于是藏在细节中的机遇就这样跟你擦肩而过了。机遇面前真的是人人平等，只不过看谁能够发现。成就这些人的是对细节的观察和思考能力，成就你一生事业的机遇又藏在哪个细节中呢？

英国作家狄更斯有一句名言：“机会不会上门来找，只有人去找机会。”机会是一个懒汉，不会老是白白地送上门来，而是躲在隐蔽的地方睡大觉。只有那些勤奋的有心人才能找到它，懒惰的人傻傻地等着机会的眷顾。许多时候并不是没有机会，而是他看不到，就更别提抓住了。假如你去问别人，为什么他们不能在所从事的行业中获得更大的成就，这些人十有八九会告诉你：因为未能获得更好的机会。但事实上并非没有机会，而是因为真正的机会经常藏匿在看起来并不重要的生活琐事中，他们没有发现。所以，要想成为时代的幸运儿，你就要把机会从细节中挖掘出来，并牢牢地把它抓住。

德国人李比希是19世纪最杰出的化学家之一。1825年，李比希从法国著名化学家盖·吕萨克那里学成归来，年仅22岁，便已是德国吉森大学的教授。在著名化学家波拉德发现元素溴的前四年，李比希曾试着把海藻烧成灰，用热水浸泡，再往里面通氯气。他发现，在残渣底部沉淀着一种棕红色的液体。他反复做了几次实验，都得到同样的结果。如果继续下去，以当时李比希的实验设备和实验技术，完全有条件从这瓶液体中发现新元素溴。但是，李比希根本就没有做认真的化学分析，只是想，这些东西是通了氯气得到的，说明海藻中的碘和氯起了化学反应，生成了氯化碘。于是他在瓶子上贴了一个标签，上面写着“氯化碘”，然后就把这瓶液体放在柜子里，一放就是四年。1826年8月14日，法国化学家波拉德宣布，发现了新元素溴，这种元素性质介于氯和碘之间。这一发现，震惊了化学界。李比希看到了波拉德的报告以后，顿时想起四年前他放到柜子里的那瓶“氯化碘”，他赶紧翻箱倒柜，找出了那瓶棕色液体，认真地进行了化学分析，分析结果使他激动又痛心。原来，那瓶棕色液体不含有氯，也不含有碘，更不是他猜测的“氯化碘”，其成分正是波拉德发现的新元素溴。如果四年前李比希采取严格的科学态度，认真分析那瓶棕色液体，那么发现溴元素的不是波拉德，而将会是李比希。 李比希失之交臂，懊悔极了，恨自己粗心大意，恨自己进行了大半辈子的化学研究，却缺乏严格的科学态度。他为了警诫自己，特别把那瓶棕色液体放在原来的柜子里，并把柜子搬到大厅中，在上面贴上一个工整的字条：“错误之柜”。而且，他还把瓶子上的标签揭了下来，用镜框装上，挂在床头，不但自己看，还给朋友们看。李比希接受教训后，善于在异常现象中发现问题，又能通过实验找出解决问题的途径，所以成为化学史上的巨人。李比希因为忽视细节，与一个重大的发明、一个重要的机会失之交臂。机会总是留给有准备的人，留心生活，关注细节，机遇就会在你的手中。

做生活的有心人，养成注重细节的习惯

《三国演义》的赤壁之战是最精彩的章节。就在孙刘决定联合抗曹，诸葛亮和周瑜计划用火攻之后，各方面都积极地行动起来了。经过草船借箭、反间计、连环计、苦肉计等一系列的谋划并实施之后，整个战役的局势开始向有利于孙刘方面发展。然而，在自负多才、年少气盛的周瑜引众将立于山顶，遥望江北水面战船，临阵观察时，忽见曹军寨中，被风吹折中央黄旗，飘入江中。瑜大笑曰："此不祥之兆也！"正观之际，忽狂风大作，江中波涛拍岸。一阵风过，刮起旗角于周瑜脸上拂过。瑜猛然想起一事在心，大叫一声，往后便倒，口吐鲜血。诸将急救起时，却早不省人事。

刚刚还年轻气盛、踌躇满志的周瑜，为何在"刮起旗角于脸上拂过"后便一病不起？诸葛亮自然明白这其中的缘由，注重细节的他只用十六个字就解开了其中的奥秘。

话说鲁肃请来诸葛亮为周瑜治病。孔明曰："连日不晤君颜，何期贵体不安！"瑜曰："人有旦夕祸福，岂能自保？"孔明笑曰："天有不测风云，人又岂能料乎？"瑜闻失色，乃作呻吟之声。孔明曰："都督心中似觉烦积否？"瑜曰："然。"孔明曰："必须用凉药以解之。"瑜曰："已服凉药，全然无效。"孔明曰："须先理其气；气若顺，则呼吸之间，自然痊可。"瑜料孔明必知其意，乃以言挑之曰："欲得顺气，当服何药？"孔明笑曰："亮有一方，便教都督气顺。"瑜曰："愿先生赐教。"孔明索纸笔，屏退左右，密书十六字曰：

欲破曹公，宜用火攻；万事俱备，只欠东风。

诸葛亮道出了周瑜的病源所在，并对周瑜说：“亮虽不才，曾遇异人，传授奇门遁甲天书，可以呼风唤雨。都督若要东南风时，可于南屏山建一台，名曰七星坛：高九尺，作三层，用一百二十人，手执旗幡围绕。亮于台上作法，借三日三夜东南大风，助都督用兵，何如？”瑜曰：“休道三日三夜，只一夜大风，大事可成矣。只是事在目前，不可迟缓。”孔明曰：“十一月二十日甲子祭风，至二十二日丙寅风息，如何？”瑜闻言大喜，矍然而起。传令差五百精壮军士，往南屏山筑坛；拨一百二十人，执旗守坛，听候使令。

是什么让年轻力壮的周瑜一病不起？是细节，这个细节决定着孙刘两家是否能够在赤壁之战中取胜，正是因为周瑜忽然想到了这个被自己忽视的细节，才一时急火攻心，病倒在床。由此可见，细节是何等重要！试想，如果不是诸葛亮提前想到了这个细节并根据季节等原因事先预知了天气的变化，恐怕在赤壁之战中，被火烧的将不是曹操，而是孙刘两家了，并且他们将会因此而大伤元气，一蹶不振，最终被曹操吞并。正是因为诸葛亮有注重细节、利用细节的良好习惯，才收获了赤壁之战以弱胜强的成功。

虽说周瑜是《三国演义》中顶尖的智谋人物之一，但诸葛亮还是比他智高一筹的。而诸葛亮之所以会比周瑜高明，更多的时候并不在于诸葛亮真的可以神机妙算，而在于诸葛亮习惯于注重细节。其实，在定下赤壁之战的火攻计之前，诸葛亮早已想到了风向的细节。诸葛亮正是根据季候规律的变化，推断出了那天要刮东南风，这风并不是他在“七星坛”上祭来的。他之所以要设坛祭风，其实也是他注重细节的表现，他是以此来迷惑周瑜，好方便保全自己，使自己有机会摆脱周瑜，如果他不如此安排的话，必将会落得一个被周瑜杀害的下场。

由此可见，细节决定成败！战场上如此，职场上更是如此。每一个成功人士都并不仅仅只是在大处有过人之处，他们常常会特别注重小处的细节，往往是一个小小的细节，成就了他们大大的成功。优秀不是一种行为，而是一种习惯，而好的习惯也需要提早养成，才能更早地帮助我们走上成功的道路。“细节决定成败”，养成注重细节的习惯，才能最终赢得成功的命运。习惯使人无须花更多的时间去考虑，无须高度集中注意力就能顺利完成一系列动作，既节省精力又能提高功效。习惯使人的动作更加协调、准确。不断重复形成稳定的联系，人们就可以得心应手地从事某些复杂、难度高的动作。习惯使人的行为能力得到贮存。人们的动作习惯一旦形成，就会长久地保存下来。中断了某些行为习惯，当需要时，沉淀在大脑的无意识马上就会被唤醒，肢体感官便能按定式作出相应的反应。所以，在一个人需要恢复过去的某些行为时，其达到熟练的时间比初学者快得多。

养成良好习惯，从注重细节开始。工作不可能每天都是轰轰烈烈的，工作成绩是否卓有成效，主要依赖于平时点点滴滴的积累。能够关注到工作中的细节，及时发现细小问题，能够给人留下深刻印象。伟大、成功的人常常有注重细节的习惯。特别是一些成功的大公司的领导者，他们在企业的目标、决策、领导、执行、管理及取得的效果方面更是精益求精、细中求细。细节就像人体的细胞一样举足轻重，谁能把握住细节谁就能成功，从细节中往往可以找到成就大事的突破口。

将小事做细，培养成一种习惯。有了良好的习惯，做任何事时就能看清楚其实质、其细节，也就能把事做透、做好。细节就是一种积累的经验和习惯，关系着我们工作、生活的方方面面。细节是一种习惯，绝不是一天能够培养起来的，细节的背后都有教育。所谓“台上一分钟，台下十年功”讲的就是这个道理。关注细节应成为一种习惯，人生就是精雕细琢的艺术之旅，让细微处的完美成就生命意义的最大满足。细微处见精神，体现的是对生命的珍爱，对自己、对他人、对企业的强烈责任感，是对工作与生活矢志不渝的追求、无怨无悔的付出。

一、多注意观察身边的人和事

在平时多观察，认真揣摩别人处理事务的方法，从中学习他们身上的优点，习惯不是先天的，而是通过后天逐渐养成的，在长期的生活实践中不断积累。做生活的有心人，从小事中发现有价值的东西，仔细观察认真揣摩，找出不足后不断改进，并保持良好的生活习惯，逐渐地改正自己的不良习惯。

善于发现每个人身上的闪光点。每个人都有别人没有的好习惯，你们应该用自己的眼睛去发现，然后去学习。不要放过每一点微不足道的发现和变化，今日事今日毕，相信自己可以一步一步地变得更加优秀。

二、持之以恒

在任何一件事情上都要坚持把细节当作一种习惯，认真地对待工作，把大事细化，把小事做细，把细节做得完美。在日常的学习和生活中，认真、仔细地对待每一件事情。任何好习惯的养成，都需要从严要求自己。每天做好工作计划，准备好备忘录，事无巨细一件一件地完成。正如人们所看到的，完成一件小事比计划中的大事更有效。对上级下达的工作任务，要身先士卒，争取每一件事情都做到位，不敷衍了事。只有在一系列细枝末节上对自己严格要求，才能慢慢改掉粗心大意的毛病。

培养习惯就是经过“曲不离口，拳不离手”，经过“韦编三绝”，最终实现“百炼成钢”的一个过程。每一个成功的企业家或管理者都有明察秋毫的能力，这种能力就是无数个细节习惯的积累。因此，很显然，一旦养成良好的细节习惯，就不会再被刻意坚持好习惯与纠正坏习惯所累，相反，那种水到渠成、收放自如的自控能力会让你于轻轻松松中胜人一筹。

日常工作中，不是每天都有惊天动地的伟业要我们去做，也不是每天都有超越竞争的绝招让我们去学习。决定成败的，往往就是一两个细节。军队里的士兵为什么永远被严格的纪律约束着，从帽子到衣服到被子，都有一模一样的严格要求？实际上这是要士兵养成注意细节的习惯。当细节做到极致，就是成功，就是伟大。

冰冻三尺非一日之寒，成功或失败都不是一夜之间造成的，平凡的积累就是不平凡，一切伟大的行动和思想，都有一个微不足道的开始。科学家罗素曾说过这样的一句话：从科学意义上来说，人类社会没有天才，成功者也非天才，成功者之所以成功，主要是自信以及主动决定了他走向成功。

只要肯用心，任何平凡的人都能从最平凡的工作中做出最不平凡的突破；只要每天用心多一点儿，就可以在许许多多平凡的事业中做出许许多多不平凡的成绩，就可以成长为不平凡的人、出类拔萃的人、有希望成功的人！

有的放矢：细化目标

树立了细节意识之后，最为关键的还是要将其落在实处，而这就需要通过严格的自我管理来实现。柏拉图说："没有经过思考的人生是不值得度过的人生。"好的人生应该从规划开始，按照正确的规划一步步持之以恒地奋斗，最终取得成功。洛克菲勒曾经教导自己的儿女们说："人活着一定要有目标，否则，就会像一艘没有舵的船，永远漂泊不定，或最终到达失望与失败的海滩。""与其生活在既不胜利也不失败的黯淡阴郁的心情里，成为既不知欢乐也不知悲伤的懦夫，倒不如不惜失败，大胆地向目标挑战！"人生的海洋广阔而又深邃，有了目标才不至于走入迷途，有了目标才会有源源不断的动力，有了目标人生才会精彩。

王国维在《人间词话》里说，古今之成大事业、大学问者，必经过三种境界：昨夜西风凋碧树，独上高楼，望尽天涯路。此第一境也；衣带渐宽终不悔，为伊消得人憔悴。此第二境也；众里寻他千百度，蓦然回首，那人正在灯火阑珊处。此第三境也。仔细分析，其实这暗指了人生的三个阶段：一是树立人生理想，正确规划人生目标和方向；二是为实现梦想而一直努力奋斗百折不挠；第三境界是指在经过多次的磨炼之后，淡然与豁达。

一、如何做好人生规划

（一）要认识自己

尼采曾说：“聪明的人只要能认识自己，便什么也不会失去。”的确，一个人能不能创造成功的人生，关键要看这个人能不能正确地认识自己。但是有时候人最难认识的就是自己。因此不妨每天问问自己：“我是谁”，我想要的究竟是什么。同时，在同他人的交往中以及在社会实践活动中去不断认识自我。每个人都是一个独特的个体，有自己独特的个性和特点，同时每个人都有他们自己的兴趣和爱好，因此选择的目标也就不同。正确认识自我，是树立人生目标并努力获得成功的前提。

（二）要调整自我

生活在不断地发展和变化，人生目标也需要随之调整，但并不意味着放弃自己的人生理想，而是为了更加适应现实生活的发展，更利于自己的成功。在生活中，每个人的思想、观念、学识、能力都会不停地变化，因而对原有的目标要适当做改变，做出更符合现在发展的决定。人们发现原定目标难以照原定计划去实现时，除了意识需要调整，还需要克服个人的某些不切实际的思维惯性与偏好，处理好执着追求与因势而变的关系。正如阿尔伯特·哈伯德的《致加西亚的一封信》所言：“每个人都必须当机立断，去做自己喜欢的事情，当自己知道已经走错了方向时，就要及时掉头……”

（三）要排除干扰，抵制诱惑

人生路上难免会遇到各种各样的干扰，有的是来自家庭的，有的是来自社会的，有的是来自你周围人际关系的。欲望出于人的本能，而实现自己的目标却需要理智的束缚，理智与欲望的纠葛就是理性与感性的斗争。只有将情感与理性相互协调统一，人生才能走向成功。在今天这个竞争日益激烈的社会，我们所面临的压力越来越大，所要处理的工作矛盾、人际关系也越来越复杂和敏感，就更需要对自我有深刻而清醒的认识。对自己有一个合理的角色定位，才能真正有利于自我的发展。

二、细化目标

目标是行动的纲领，是行动的指南。目标有大有小；有长远目标，有短期目标，有总体目标，也有分阶段目标。制定目标并细化目标是执行好人生规划的重要步骤。成功是一个过程，要制定细化的目标，才能一步步实现最终的目标。以前人们无法想象火箭能飞向月球，因为这对火箭的质量和速度有相当高的要求。科学家们经过精密计算得出结论：火箭的自重以及原料的重量至少要达到100万吨。而如此笨重的庞然大物，无论如何也无法飞上天。于是在很长一段时间里，科学家都一致认定：火箭根本不可能被送上月球。后来有人提出“分级火箭”的想法，解决问题的思路便豁然开朗起来。他们将火箭分成若干级，当第一级将其他级送出大气层时便自行脱落，这样就能减轻火箭的重量，使其他部分轻松地逼近月球。

因此，在完成一个大的目标时，如果觉得一时间难以实现这个目标，不妨把它分解开来，化整为零，把一个大目标变成若干个小目标，然后各个击破。通过不断在小目标上改进，最终实现大目标。

有人做过一个实验：组织三组人，让他们分别步行到十公里以外的三个村子。

第一组的人不知道村庄的名字，也不知道路程有多远，让他们处于困惑和迷茫之中，只告诉他们跟着向导走就行了。处于不安中的这些人刚走了两三公里就有人抱怨，走了一半时有人几乎愤怒了，他们抱怨为什么要走这么远，何时才能走到。有人甚至坐在路边不愿走了，越往后走他们的情绪越低落。结果是，这一组花费的时间最长，而且情绪也最差。

第二组的人知道村庄的名字和路段，但路边没有里程碑，他们只能凭经验估计行走的时间和距离。走到一半的时候，大多数人就想知道他们已经走了多远，比较有经验的人说：“大概走了一半的路程。”于是大家又簇拥着向前走。当走到全程的四分之三时，大家情绪低落，觉得疲惫不堪，而路程似乎还很长。当有人说：“快到了！”大家又振作起来加快了步伐。

第三组的人不仅知道村子的名字、路程，而且公路上每一公里就有一块里程碑。人们边走边看里程碑，每缩短一公里大家便有一小阵的快乐。行程中他们用歌声和笑声来消除疲劳，情绪一直很高涨，所以很快就到达了目的地。

从这个实验中可以看出，如果清晰地了解自己行动的明确目标和自己的进行速度，就会自觉地克服一切困难，努力达到目标。因此，目标设计得越具体越细化，越容易实现。一个没有期限的梦想或是目标，效果是非常有限的。

制定目标时必须是有阶段性的而且是有效的；必须有一定的期限和详细的计划；必须可以衡量；隔一段时间后要检验进度，看看阶段性的目标是否能够实现。

那又应该如何设定自己的目标呢?

（一）整理和归纳目标

人生目标会有很多，先将这些目标写在纸上列出来，并问自己为什么要实现这个目标。当你在书写时，你的思维活动在记忆中产生一种不可磨灭的印象，它告诉你的潜意识：这是真的。不要相信记忆，而要相信笔记。

分析你的起始点，分析现在所处的境况和条件。找出近期必须实现的目标，并重点标出哪些是最重要的核心目标。先不要设定期限，从全部目标中选出几个最想要在今年达成的目标，再选出其中一个最重要的为核心目标，然后把其他几个依照优先顺序排列。

（二）定出具体的完成期限

每一个目标都需要有具体完成的期限，将未来分成1年、5年、10年、15年的单位来规划，订每年、每月、每周甚至每天的计划。想想为了完成这个目标需要什么具体的条件计划，就是制订目标分解一览表。按期评估与考核，分析哪些完成，而哪些还没有完成，没完成的原因是什么，并适时做出调整与改进。期限可以不断衡量目标的进展，并不断激发向目标前进的动力。确认实现目标的障碍，这些障碍是来帮助我们学习成长的，而不是来阻碍我们的。达成目标的过程，其实就是克服障碍的过程。对于关键性障碍应至少找出五个解决方案，其他每个障碍都要找出解决方法。找出对实现目标有帮助的人和事，并充分调动一切可以调动的力量和因素，来帮助自己实现目标。这样的一个规划方式，会让你的生活更有系统、更有效率，条理清楚，做到心中有数。

行动，从此刻开始。没有行动，再好的计划也只是一场梦。当然实现这个目标的过程并不会是平坦大道，随时都会面临着难关，说不定还会经历失败，但是失败并不就是绝望。失败将延续下一场挑战，反复的挑战会促使我们越来越靠近成功。只要我们保持对自己肯定的信念，不害怕失败，什么样的目标都能够实现。

（三）胆大心细

从长远来看，人生的总目标应该尽可能远大。人生理想这样的大目标很难精确细致，尤其是对于涉世不深、阅历尚浅的人来说更是困难。远大的目标才能产生持久的动力和热情。阶段性目标必须是具体的、可以实现的。要根据自己的实际状况，包括能力素质、经验阅历、所处环境等确定目标，做到稍微高出能力，又基本切实可行。既要目标远大，又要脚踏实地。只有这样，目标才具有指导和激励行动的价值。当一个人实现了所期望的目标后，若要继续维持先前的热情和冲劲，那就得立即再制订出一个足以让自己心动的后续目标，只有这样，才能使自己先前实现目标的兴奋心情，不落痕迹地投注到新的目标上，使自己能够继续成长下去。若无成长的后续目标，人生就会中途停滞。

树立时间观念，提高效率

浪费时间是由于不良的习惯造成的，而从根本上说是伴随着习惯的一系列细节，因此，要合理使用时间、提高效率，就要从习惯和细节两方面入手做好时间管理。时间管理其实就是个人管理。想要管理得好，就得养成良好的时间观念。上帝最公平的地方，就是赐给每个人相同的时间。时间不像别的物品，可以制造、购买、贮存。有三种方法可以提高效率，在有限的时间里做更多的事情：其一，提高学习效率，这样，就能完成更多的任务；其二，充分利用无足轻重的零碎时间，这样，就获得了比别人多得多的时间；其三，通过自我控制，养成好习惯。

一、统筹安排时间

每天留出一定的时间用来做明天的计划。明白自己将要做什么，最好把每天要做的事情事先列出一张清单，并按事情的轻重缓急，排好优先秩序。根据80／20定律：在日常工作中，有20%的事情可决定80%的成果，没有计划，行动的效率就会大打折扣，而计划后才能看出实际行动中可能产生的风险，以提醒自己注意，使理想与现实能够结合。

从清单里选出你认为最重要的三件事，将清单上的事情按紧急程度排序，用不同颜色的笔标出，也可以画上不同的星号来区分。红色代表重要事项，用黑色标记工作项目的最后期限，绿色代表已经开展的项目，蓝色代表日常工作。综合考虑后，确定本周时间安排的优先顺序的日程表。

二、善用零碎时间

每一天，几乎每个人难免都有等人、等车的时候，要有效利用这些时间，可以在等待中读书看报、思考问题、听听音乐、闭目养神等。特别是对待自己的个人发展与成长问题，更要耐心等待，不可急于求成，而要采取大胸怀小动作的策略。

你会发现零星时间原来可以帮助你做许多事情。

三、合理分配

科学地利用人体生物钟的规律。比如，早晨七点到八点是大脑最清醒和最活跃的时间段，应该在这时做计划，思考一些复杂的问题。上午的工作效率相对较高，可以安排备课、上课或处理重要工作。中午尤其是午饭后应小憩片刻，以缓解疲劳。下午两点至四点是生物钟的又一个小高峰，可以集中精力做最重要的工作；四点以后可以进行处理信件、回电话、与人沟通等一些零散简单的事务性工作。

四、将时间分为小段

节奏快的人办事常以小时、分钟为单位来计算，而拖沓的人办事常以一天、一周为单位来计算。所以在安排工作时，除了要根据工作内容分配时间，还要以小时甚至分钟为单位安排自己工作的完成时间，这样，有利于充分安排和利用每一点时间。

五、立即行动，绝不拖延

凡事不拖延，采取立即行动，今日事今日毕，这会使你的生活步调有节奏感，增加满足感及成就感，对工作的进展比较能掌握。如果你是管理者，这一习惯将有效地带动你的属下与你一样注重效率。

六、劳逸结合

将每一刻发挥到最大效率，并不意味着要将自己搞得十分紧张，午休、锻炼、娱乐、短期休假等对于提高效率非常有效，有的事情可以一心几用，比如边看电视边整理家务等。抽出一定的时间进行旅游、登山、散步、健身等休闲活动。在亲近大自然的过程中，放松自己紧张的身心，蓄积自己的能量。

七、学会拒绝

很多时候我们碍于情面不会客气地说“不”，结果浪费了自己宝贵的时间。当你遇到无休止的电话、闲聊和不速之客来访时，你要提醒自己婉转地回绝对方，回到自己最重要的事情上来。一些无谓的应酬和闲聊可能浪费你大量的时间。排除一些繁琐的电话，你会发现你的时间要充裕得多。

八、工欲善其事，必先利其器

学会使用恰当的工具提高工作效率，比如利用电脑，利用记事本、通信录、台历等，有助于你有计划地利用时间。

九、过滤信息

信息爆炸的时代使我们在获得大量信息的同时，也因此付出了宝贵的时间。所以，提高自己的信息过滤、采集能力是十分重要的。报纸可以浏览标题，或者干脆改订周刊之类的综合性信息刊物，固定几个网站和频道，每天只浏览一两个即可。

从细节处发现创新点

有一位美国青年在一家石油公司找到了工作。他学历不高，也没有什么技术，他的工作连小孩都能胜任，就是查看生产线上的石油罐盖是否自动焊接封好。

装满石油的桶罐通过传送带输送至旋转台上，焊接剂从上方自动滴下，沿着盖子滴转一圈，作业就算结束，油罐下线入库。青年的任务就是注视这道工序，从清晨到黄昏，盯着几百罐石油，每天如此。

没几天，这单调的工作便令他厌烦透了，他很想改行，却又找不到别的工作。他非常无奈，只得坚持下去。经过反复观察，他发现罐子旋转一周，焊接剂共滴落39滴，焊接工作即告结束。他思考着：眼前这简单至极的工作中，是否有什么可以改进的地方。

有一天，青年突然想到：如果能把焊接剂减少一两滴，是不是会节省生产成本？说干就干，一番试验之后，他研制出“37滴型”焊接机，但是该机焊出来的石油罐偶尔会漏油，质量无法保障。他不灰心，又研制出“38滴型”焊接机，这次产品质量没的说，公司非常满意。不久，青年所在的石油公司便生产出全新的“38滴型”焊接机。

每台新机器节省的虽然只是一滴焊接剂，但是每年却为公司节省五亿美元的开支。这位青年，就是后来成为美国工业界第一代亿万富豪的石油大王洛克菲勒。

人生的改变总是从创新开始的，改良焊接机改变了洛克菲勒的人生。他成功的关键在于：特别注意普通人往往会忽略的平凡小事；能见别人所未见，做别人所不能做。有了这样的创新意识，企业也必定能够做到“人无我有，人有我新，人新我变”。

管理大师彼得·德鲁克曾经说过：“行之有效的创新在一开始可能并不起眼。”确实，一个毫不起眼的细节，往往造就创新的灵感，一个细节上的改变，往往让平常的事物变得不同寻常。

细节看上去很小，但是在多个小细节上做些改变，就可以创造出完全不同的更好的产品或服务。如果把创新看作是一种“质变”，那么细节上的改变就是一种量变，要想发生“质变”，就要使量变积累到一定的程度。因此，如果我们善于在一些细节上不断做出改进，自然而然就能创造不同寻常的结果。

创新要做的是具体的事，想要创新就要在细节上下功夫。事物整体是由许多细节构成的，因此把小事做精、做完美，就能酝酿创新。著名的雕塑家、画家米开朗琪罗说过：“完美不是一个小细节；但注重细节可以成就完美。”注重细节上的改变，会使企业生产的产品逐渐趋于完美，变得与众不同，慢慢地，就会自成一体，成为新颖之作。相比较于那些变化不大或没有改变的产品，这就是一种创新。

管理科学创始人泰勒在贝德汉姆钢铁公司担任科学管理工程师的时候，曾观察到工人每人每天可以往货车上装大约12.5吨的生铁，但到中午时他们就已经筋疲力尽了。他对这些工人产生疲劳的因素做了一次科学性的研究，认为这些工人不应该每天只运送12.5吨的生铁，而应该每天装运47吨。照他的计算，他们应该可做到目前运量的4倍，而且不会疲劳。于是泰勒挑选了一位工人，让工人按照他设想的时间来工作，结果奇迹出现了，别人每天只能装运12.5吨的生铁，而这位工人每天却能装运47.5吨生铁。更令人不可思议的是：泰勒在贝德汉姆钢铁公司工作的那3年里，该工人的工作能力从来没有减低过。

原来泰勒认为，工人效率之所以不高，是因为没有科学地使用自己的力量，致使工作中产生了疲劳。疲劳容易使人产生忧虑，不利于发挥自己的优势，疲劳会减低身体对疾病的抵抗力，更可怕的是疲劳会减低对忧虑和恐惧等感觉的抵抗力，直至丧失继续工作的力量和信心。因此要提高工人的工作效率，关键就要让工人工作时不处于疲劳状态。考虑到这点，泰勒提出了要改变工人连续搬生铁直至疲劳、干到干不动了不能再干的工作方法，而以全新的工作方法代替。这就是：工人在疲劳之前就有充分的时间进行休息，每个小时工人大约工作26分钟，而休息34分钟。工人休息的时间要比工作的时间长。

泰勒的新工作方法看似工作时间短了、休息时间长了，但是新工作方法对那些从事超强劳动力工作的人保持旺盛的体力十分有效，因为它为工人赢得了宝贵的恢复体能的机会。泰勒的新工作方法产生了奇迹，它比旧的工作方法的效率提高了整整三倍。

为什么别人发现和解决不了的问题，却被泰勒发现并轻而易举地解决了呢？因为泰勒是个细微主义者。泰勒在贝德汉姆钢铁公司担任科学管理工程师时，曾仔细地观察过工人工作的每一个细节，并从中发现了工人工作效率不高，既不是工人工作不卖力，也不是装卸机械有问题，其直接原因就是工人的工作节奏没有把握好，一直处于疲劳状态。效率不高的症结找到后，泰勒挑选了一位工人做实验，让他按照规定的时间来工作，一个人站在一边拿着一只马蹄表指挥。经过这一番实验，泰勒成功了，其新的工作方法也就应运而生了。

所以创新也要从细节开始，关注内部深处的细微变化，往往一个细节就可以改变现状，真正的“于细微处见精神”。

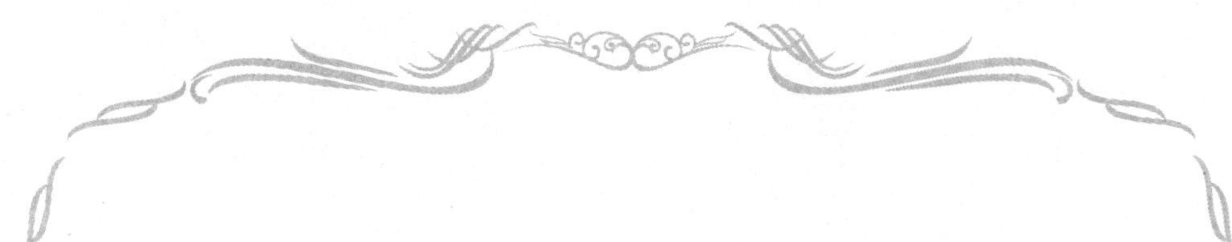

细节决定一切　第二章

与人相处的细节

要想先做事，必须先做人。做好了人，才能做事。事情不会害人，只有人才会害人。我们总是生活在人事纷繁的人际关系之中，从出生开始，我们每天都在跟各式各样的人打交道，想要应对自如，必须有足够的智慧和力量。“满招损，谦受益”，做人首先要学会低调，只有放低姿态才能看到更宽广的天空；更要像铜钱那样外圆内方，既要处世圆滑，又要有做人的底线；该糊涂时要学会糊涂，更妙在难得糊涂；人无信不立，当你的诚信账户捉襟见肘时，你的人生也即将破产。用人制人关键在攻心为上。宁静致远，平和的心态才能让你走得更远，所以要做人生的赢家还要学会止怒。世事洞明皆学问,人情练达即文章，真正想要做的，需要花一辈子的时间。

低调做人：放低姿态并不可怕

低调做人，更容易被人接受。曲高者，和必寡；木秀于林，风必摧之；人浮于众，众必毁之。低调做人，才能有一颗平凡的心，才不至于被外界左右，才能够冷静，才能够务实，这是一个人成就大事的最根本前提。《菜根谭》说：“君子之才华玉韫珠藏，不可使人易知。”人们大多喜欢表现和卖弄自己的才干，更不愿露出些“傻气”。若没有一定的自制与自信，是很难做到“大智若愚”的。自我表现应该说是人类的天性。在现代社会中，每个人都渴望在竞争中脱颖而出，充分展示个人风采。这也是适应激烈挑战的必然选择。但是，当我们展现自我才华的时候，要注意在不同的时间、地点、场合的表现要恰如其分。不分场合、情境地高调表现自己会产生一种压力，容易引起别人的反感，从而使自己的人际关系产生危机，甚至会和许多机会擦肩而过，使本来应该辉煌的人生之路变得暗淡无光，与表现自己的初衷背道而驰了。

明代大政治家吕坤以他自己丰富的阅历和对历史人生的深刻洞察，提出了“古今得祸者，精明人十居其九”的结论。在他的《呻吟语》中有这样一段十分精辟的话：“精明也要十分，只需藏在浑厚里作用。古今得祸者，精明人十居其九，未有浑厚而得祸者。今之人唯恐精明不至，乃所以为愚也。”将其译成今天的话，大意就是：精明还是非常需要的，但要在浑厚中悄悄地运用。古往今来得祸的人绝大多数都是精明的人，没有因浑厚而得祸的。现在的人唯恐不能精明到极点，这就是之所以愚蠢的原因。

聪明是一笔无形的财富，而这种财富是不是能够真正发挥其作用，关键在于怎么运用。真正聪明的、有智慧的人会运用自己的聪明和智慧，那是因为他们深藏不露，不到火候时不会轻易运用，一定要貌似平常，让他人不眼红。一味地耍小聪明，不管必要或不必要，不管合适不合适，时时处处显露精明，不仅无益于成功，往往还会招来祸患。

真正的聪明人是那些不轻易显露自己才华的大智若愚的人。这是中国人特有的大学问、大智慧，也是中国人特有的一种人生大境界。大智若愚是低调做人，藏锋露拙；是处变不惊，达观权变；是外乱内整，内精外钝；是无所为，而后无所不为。古语说得好："满招损，谦受益。"凡事当留有余地，不要太露锋芒，咄咄逼人，要使人家感到需要你却不受到你的威慑。一个人的才华显露要适可而止。你不露锋芒，可能永远得不到重用；你锋芒太露，却又易招人陷害。当你施展自己的才华时，也就埋下了危机的种子。虽容易取得暂时的成功，同时也为自己掘好了坟墓。年轻人往往会狂妄自大，这就很容易树敌太多，与同事之间不能融洽地相处，究其原因就是在语言表达上、行为举止上锋芒太露，以至影响到他人。言语、行为之所以锋芒太露，是因为急于表现自己，这也是遭人妒忌的最大原因。

在为人处世上，低调常常是我们保护自己的最佳手段。低调的人常常能做到不与人争，不与世争，能够用平和的心态去看待问题，因此也就能避免冲突，使自己免受伤害，更好地生存下去。

在秦始皇兵马俑博物馆里，有一尊跪射俑。它未经人工修复，但衣纹、发丝清晰可见，是秦兵马俑坑中至今保存最完整的兵马俑。跪射俑保存如此完整的秘密就是它有一个较低的姿势，它不像其他兵马俑那么高大，它的低姿势让它每在遇到恶劣环境时仅受到较小的损害。它的蹲跪姿也增强了它的稳定性，使它更不容易因倾倒而破碎。

其实，人也一样。如果做事总是喜欢显摆自己，就很容易让他人厌烦，不会委曲求全也就可能与他人产生冲突和矛盾，使自己处于不利的状态。而如果做事有个轻重缓急，分清主次，做人学会沉稳、包容，学会放下自己的身段，就能有效地保护自己，这样，才能在自己的人生道路上走得更顺畅。

人生在世，显示自己、突出自己不一定就是勇敢。那些保持含蓄、保持低调的人，也不一定是懦弱和妥协，与前者相比，后者更懂得如何处世，他们更容易被人肯定，也更容易走出一片新天地。

但并不是说永远不展示自己的才能，其实，只要一有表现自己才能的机会，你就把握住，并做出过人的成绩来，大家自然就会知道你并给予你赞赏了。不怕没有这种表现本领的机会，只怕把握不牢，只怕做出的成绩并不能令人满意。你如果已经具备真正的本领，就要留意表现的机会，如果还没有真正的本领，就要赶快准备。

低调做人是一种境界，也是一门人生哲学。低调做人，不仅可以保护自己，融入人群，与人们和谐相处，也可以让人暗蓄力量，悄然潜行，在不显山、不露水中成就事业。学会低调做人，就是不要把自己的心理能量浪费在无谓的人际斗争中，即使你认为自己的能力比别人强，即使你认为自己满腹才华，也要学会保留，学会隐藏，学会克制，这是保护自己的有效手段，也是一种能量的内敛。

美国开国元勋之一的富兰克林年轻时，去一位老前辈的家中做客，昂首挺胸走进一座低矮的小茅屋，一进门，“嘭”的一声，他的额头撞在门框上，肿了一大块。老前辈笑着出来迎接说：“很痛吧？你知道吗？这是你今天来拜访我最大的收获。一个人要想处理好人际关系，就必须时刻记住低头。”有些人看上去很平常，甚至给人不中用的弱者感觉，但这样的人并不可小看。有时候，越是这样的人，越在胸中隐藏着高远的抱负，而这种表面“无能”，正是他心高气不傲、富有忍耐力和成大事、讲策略的表现。这种人往往能高能低、能上能下，具有一般人所没有的远见卓识和深厚城府。

刘备一生有“三低”最著名，奠定了他王业的基础。

一是桃园结义，与他在桃园结拜的人，一个是酒贩屠户，名叫张飞；另一个是流窜江湖的在逃杀人犯，名叫关羽。而刘备，皇亲国戚，后被皇上认为皇叔，肯与他们结为异姓兄弟，便有了这两位得力猛将。

二是三顾茅庐。为一个未出茅庐的后生小子，前后三次登门求见。不说身份名位，只论年龄，刘备差不多可以称得上长辈，这长辈吃了两次闭门羹，毫无怨言，一点都不觉得丢了脸面。这又一低，使刘备有了一个千古名相。

三是礼遇张松。张松本来想卖主求荣，把西川献给曹操，曹操破了马超后，志得意满，骄人慢士，数日不见张松，见面就要问罪。后又向他耀武扬威，差点将其处死。刘备派赵云、关云长迎候于境外，自己亲迎于境内，宴饮三日，泪别长亭，甚至要为他牵马相送。张松深受感动，把本打算送给曹操的西川地图献给了刘备。刘备这再一低，使西川百姓汇入了他的帝国。

最能看出刘备与曹操的交际差别的，要算他俩对待张松的不同态度：一高一低，一慢一敬，一狂一恭。结果，高慢狂者失去了统一中国的良机，低敬恭者得到了天府之国的川内平原。

由此看来，刘备胸怀大志，却平易近人、礼贤下士，因而成就了自己的基业。相反，曹操心高气傲，目中无人，丢掉了富饶的天府之国，还因此耽误了统一中国的大计。从这点看，刘备是真英雄，他没有所谓的气势架子；而曹操则一副狂徒之态，傲气冲天，耀武扬威。因此吃了大亏。

一个人，无论已取得成功还是还没有出师下山，其实都应该谨慎平稳，不惹周围人不快；尤其不能得意忘形，狂态尽露。欲成事者必要宽容于人，进而为人们所容纳、所赞赏、所钦佩，这正是人能立世的根基。而低调做人也是在社会上加固立世根基的绝好姿态。

在我们的日常生活中，形形色色、各式各样的人都有，与人相处，无论是生活中还是工作中，只要你稍微处理不当，就有可能招来不少麻烦。轻则工作不愉快；重则影响自己的职业生涯。因此，在与人相处的艺术中，低调做人相当重要，特别是在与小人的相处中，更加重要。

信陵君魏无忌是魏昭王的儿子，魏安釐王同父异母的弟弟。与平原君赵胜、孟尝君田文、春申君黄歇合称为“战国四公子”。一天，信陵君和魏王在宫中下棋，忽然接到报告，说是北方国境升起了狼烟，可能是敌人来袭的信号。魏王一听到这个消息，马上放下棋子，准备召集群臣商议对策。而坐在一旁的信陵君，一点也不惊慌，他不慌不忙地阻止魏王，说道：“先别着急，也许是邻国君主行围打猎，我们的边境哨兵不知道，误以为敌人来袭，所以升起狼烟，以示警戒。”过了一会儿，又有人来报告说，刚才升起狼烟报告敌人来袭，是个误会，事实上是邻国君主在打猎。魏王大感惊诧，问信陵君：“你怎么知道这件事情？”信陵君很得意地回答：“我在邻国布有眼线，所以早就知道邻国君王今天会去打猎。”从此以后，魏安釐王畏忌信陵君的贤能，开始渐渐疏远他，国事也不愿交予他处理。后来，信陵君受到别人的诬陷，失去了魏王的信赖，晚年沉溺于酒色，终致病死。

虽说有些当权者也很喜欢有才之士，可是一发现其才惊人，远远超过了自己，就宁可用奴才，也不用人才了。人生是个万花筒，为人处世不能太聪明，聪明易被聪明误，做人还是要低调，要懂得韬光养晦。

古语云：“鹰立如睡，虎行似病。”这就是“巧藏于拙，用晦而明”。人性都是喜直厚而恶机巧的，而胸有大志的人，要达到自己的目的，没有机巧，又绝对不行。因此，既要弄机巧，又不能为人所识破、所防范、所厌恶，就应有鹰立虎行、如睡如病、大智若愚的各种处世应变的方法。

面对物欲横流的世界，做人难，做一个低调的人更难，难于从躁动的情绪和欲望中稳定心态；这是一种修为，是一种对人生的理解，必须把自己调整到以合理的心态去踏踏实实做人。

一、在行为上要低调，“才大不可气粗，居高不可自傲”，做人不能太精明，例如，《红楼梦》中的王熙凤“机关算尽太聪明”，乐极生悲。

二、在心态上要低调，不要锋芒毕露，不要恃才傲物，要知道谦逊是终生受益的美德。

三、在姿态上要低调，“大智若愚，实乃养晦之术”，毛羽不丰时，要懂得让步；时机未成熟时，要挺住。所谓“高处不胜寒”，低调做人也未尝不是件好事。

四、在言辞上要低调，说话时莫逞一时口头之快，不可伤害他人自尊，不要揭人伤疤，得意而不忘形，要知道祸从口出，没必要自惹麻烦。

低调做人，不是指低声下气，奴颜婢膝，而是指要始终把自己当成普通一分子，使自身融入大众中去，融入社会中去，不追名逐利，不自命不凡，为人处世不张扬。高调生活，不是指高人一等，居高自傲，而是说精神境界要高，见解见识要高，综合素质要高，品位要高，不庸俗。

海上的天气变化无常，大海的脾气更是让人捉摸不透。刚刚还风和日丽，万里无云，突然间就刮起了狂风、卷起了巨浪，很可能把渔船掀翻。这时千万不能怠慢，以最快的速度砍断桅杆。船没有了桅杆，随着海浪漂泊，一直漂到天气转好，大海重新恢复平静。为什么要砍断桅杆？帆船前进靠帆，帆又升在桅杆上，桅杆是帆船前进动力的支柱。但是，由于高高竖起的桅杆会使船的重心上移，降低船的稳定性，一旦遭遇风暴，就会有翻船的危险，这时桅杆又成了祸根。所以，为了降低船的重心必须砍断桅杆，保持稳定，毕竟保住命才是最重要的。

做事要高调，要高高扬起鼓满风帆的桅杆；做人要低调，要砍断桅杆，脚踏实地，不去张扬和炫耀。高调做事，并不是喊着口号打着红旗让满世界的人都知道你要做什么，而是你对自己所做的事情看得很透彻，把握其根源和关键，在自己有把握的时候以一种很高、很专业的姿态去做，做得漂亮，做得成功。高调做事还可以理解为把事情做到极致、更好。一个谦虚谨慎的人做出的事情漂亮完美，自然会在众人心目中树立不俗的形象。高调做事，就是说在心志上要高调，立高远之志，创辉煌人生。要有勇气，有梦想，要知道锲而不舍才能成就传奇。

一、在行为上要高调，心动不如行动，拥有梦想就要去行动，要相信自己的潜在优势，犹豫不决的人将一事无成。

二、在心态上要高调，要乐观，要时常给自己希望，保持向上的激情，别让借口毁掉你的希望；要坚定生活的信念，相信丑小鸭也能变成白天鹅，把挫折当成垫脚石，对生活充满热情。

三、在细节上要高调，注重细节，从小事做起。用心做事，对待任何事情，即使小事也要倾注全部热情。

高调做事是一种责任，一种气魄，一种执着追求的精神。所做的哪怕是极为细小的事、单调的事，也要发挥自己的最高水平，体现自己的最好风格，并在做事中提高素质与能力。高调做事，就是不以平庸的目标衡量自己，从一开始就能站得高、看得远，本着高度负责的态度，驱除任何借口，不屈不挠，愈挫愈勇，努力向卓越迈进。高调做事是强者的信念，而低调做人是强者最好的外衣。糊涂一时，成全一世，这样既能坚守原则又不张扬。

在现实生活中，最令人讨厌的是那种“高调做人，低调做事”的人。这种人好高骛远，眼高手低，遇事总是喜欢习惯性地夸夸其谈，谈起计划“口若悬河”，落实行动却“瞠目结舌”。这种过于“高调”的言谈和过于“低调”的行动，存在莫大的反差。这样的人无论处于什么位置，都难以干出突出的业绩。低调做人就是不张扬，高调做事就是把事情竭尽全力做到极致、做到最好。低调做人，你会一次比一次稳健；高调做事，你会一次比一次优秀。所以，我们做人要像水一样往低处去，坦荡乎如大海之谦下；做事要像山一样耸立起来，巍巍乎如大山之高峻。这是成功者给我们的绝好启示和最佳诠释。

外圆内方，做人不能太老实

著名教育家黄炎培十分赞赏“外圆内方”这个成语。他在给儿子写的座右铭中就有这样的话：“和若春风，肃若秋霜，取象于钱，外圆内方。”老先生的话，实际上是对“外圆内方”的一个很好的解释。“圆”就是要“和若春风”，对朋友、同事、左邻右舍，要敬重、诚实、平易近人，和气共事；“方”就是要“肃若秋霜”，做事要认真，坚持原则。“取象于钱”，则是以古代铜钱为形象比喻，启发人们要把“外圆”与“内方”有机统一。真可谓喻简意赅，发人深省。

我们经常会教育别人：做人要老实安分。老实没错，人人都希望别人老实，喜欢和老实的人相处，因为老实人实在，宁愿自己吃亏也不愿意别人吃亏，老实的人从不算计别人。但是，任何事情都有一个度，一旦过了火，事情就走向了反面。老实可以，但太老实就要不得了。“吃亏是福”把吃亏与福连在一起，更多的是对当时社会中存在的某些不公正现象的一种消极屈服和无奈，书之聊以自慰，获得心理平衡而已。现如今，说你这个人太老实，那无异于骂你这个人太迂腐。太老实是木讷、保守，这样的人一生都处于被动中，也注定一生都会平庸，不是没有机遇青睐他，而是机遇来到他的面前他也看不见，更不用说主动去创造机遇了。

要知道，凡事都有一个度，物极必反。当今社会，人际关系复杂多变，如果一个人过于“老实”，毫无“心机”，不仅容易吃亏而且难成大器。鲁迅说：“忠厚是无用的别名。”话也许太刻薄了一点，但仔细想来，却也觉得并非唆人作恶之谈，乃是归纳了许多苦楚的经历之后的警句。在工作中，我们经常看到一些“老实”人被一些爱指使人的同事呼来唤去，凡是脏活累活，或者吃力不讨好的差事也都一点不差地落在了“老实”人头上。有了责任，“老实”人一定排在第一个位置上，等待挨批。而有了好事，“老实”人却一定远远地缩在某个不能轻易看到的角落里。实在的“老实”人，简直就成了职场“冤大头”。“人善被人欺，马善被人骑”，老实人软弱可欺。老实人的一个最基本的特征就是“怕”字当先。害怕受到伤害，害怕承担责任，不敢突破常规，不敢表述情绪……不管做什么事都瞻前顾后、畏首畏尾，使自己始终处于一种躲避退让、被动挨打的地位，更助长了不良用心者得寸进尺的嚣张气焰，而老实人自己，既在利益上受损，又在心情上受折磨，可谓是饱受身心的双重磨难。

生活中一些蛮横霸道的恶人之所以能得意一时，就因为社会上老实人太多。作威作福、发火撒气的人往往找那些软弱善良者，因为他们清楚，这样做并不会招致什么值得忧虑的后果。在我们身边的环境里到处都有这样的受气者，他们看起来软弱可欺，最终也必然为人所欺。一个人的软弱事实上助长和纵容了别人侵犯你的欲望。

人与人之间的交往其实就是一个互相适应的过程。太硬了就会伤人伤己，太软就会被别人压扁，丧失了基本的生存空间。老实人主张“忍”为上，结果往往不能守住自己的最底限，不战而降。缺乏与别人争斗的勇气和信心。而且老实人想当然地认为，只要遵守原则，就会自然而然地得到想要的结果，去争夺、去斗争是对原则性的一种违背，因而是不道德的，也是不可取的。但在市场经济条件下，竞争日益白热化，不去争斗就不会有机会送上门来，因此，在生活中碰壁也是理所当然。为什么有的人兢兢业业，职位仍然停留在公司的最底层？原因就是他太“老实”了，不懂人情世故。这样的人怎么能胜任领导的工作？所以，他只能数年如一日地干着刚进公司就干的工作。也由于他太“老实”，从来不懂拒绝，所以同事有什么事就爱指使他。就是因为太“老实”，所以才使得同事爱欺负他，领导不重视他，吃了亏，也有口难辩。做人太“老实”，就难免会落得如此下场。究其原因不难发现，“老实”人在群体中基本上处于不受重视的地位，没有什么实际影响力，也很难出类拔萃，成为领导者。

一、老实人受气的原因

（一）“老实”人不善于表现自己

尽管是自己应该得到的也不去争取，会觉得不好意思；自己的优点与能力常常不为人所知，给人的印象很平常，甚至常常被人遗忘还有这样一个人存在，很难引起他人的重视。

（二）“老实”人不知道为自己的将来计划和打算

当一天和尚撞一天钟，凑合着过日子，胸无大志，也不知道自己能够做什么。偶尔也有自己的想法，却没有话语权，没机会表达，一旦有机会表达又没有信心，所以即使把想法说出来，也不会得到他人的重视。

（三）“老实”人不懂得交际

不会运用社会资源，总是单打独斗，人善被人欺，太窝囊，在处理各种关系上原则有余、圆通不足，很难树立起自己的威信。也往往比较孤僻，不主动和别人交往，不主动和别人接触。本来就是一个很普通的人，再不主动，还能期望别人主动结交？所以太“老实”的人往往没有多少朋友，也不是一个受欢迎的人。

他们没有自己的生活圈子，也不加入任何的利益团体，只知道过自己的生活，更没有给别人带来好处的能力，而给别人带不来任何好处的人，在整个利益关系的链条中就会处于不被人重视的地位。

做人不要巧言令色，逢迎巴结，但也不要做常常吃亏的“老实”人。做人，不能一味地退让，是自己的责任，要敢于承担，不是自己的责任，也不能乱往自己身上揽；对不属于自己的东西，不该去争去抢，而对自己的切身利益，一定要尽力去争取。没有原则地一味退让，却不知，有时候你吃了亏，别人不仅不感激，还视为理所当然。

“害人之心不可有，防人之心不可无”。不要以为有“心机”就是要算计别人，更多的时候，为人处世留一点“心机”，是保护自己免受伤害的需要。

二、树立一个不好惹的形象

确保自己不受欺侮就要树立一个不好惹的形象。让那些欺软怕硬的恶人有所畏惧：招惹我是要承担后果并付出代价的。

在社会中生存，事实上，只要你显示出你是一个不受欺侮的人，你就能够做到不受气。你不必睚眦必报，只要你能抓住一两件事，大做文章，让冒犯者品尝到你的厉害，你就立刻能收到一种“杀鸡给猴看”的效果，起到某种普遍性的威胁作用。平时不显山不露水，但到用时一击必杀，让敌人有所忌惮，产生震慑作用。

（一）泼辣的形象

敢说别人不好意思说出口的话，敢做别人不好意思表现的举动。谁敢让他受气，谁当面就会下不来台。他敢哭敢闹、敢拼敢骂，口才好，又敢揭老底儿，所以，很少有人敢引火烧身，自讨没趣。

（二）实力派形象

在平时就要注意展示你雄厚的力量，如令人可慕的专业本领、广泛的人际关系网等，这些都会在周围的人群中造成一种印象，即，你是一个能量巨大的人，不发威则已，一旦发威则后果难当。所以人们一般不敢招惹这类人物。持有这种形象的人也很少受气。

三、敢于反抗

面对恃强凌弱者忍气吞声，只会使对方得寸进尺。只有勇于反抗，敢于斗争，才能使自己成为强者。那些老实人从未做过一件自己想做但又不敢做的事，他们在第一次受气时就放弃了反抗的企图，这一行为的反复便会形成一种心理定式和社会交往模式，造成恶性循环。

因此要真正地进行一次反抗，挺身而出，捍卫自己的正当权益，卸掉精神包袱，你反而会活得更加自在。

四、用心忍，下手狠，该出手时坚决出手

人们处于劣势时会有求胜的谋略，然而，没有隐忍的功夫就会过早泄露天机，不能在充分准备之后狠狠打击对方。

汉初人杰，张良为冠。汉高祖刘邦曾说："运筹帷幄中，决胜千里外，子房（张良别号）功也。"单从"运筹帷幄，决胜千里"这些字面意义去理解，会误以为张良对刘邦得天下的贡献，主要在于军事——不过一个高明的军师而已。其实不是这样，张良的谋略，是助刘邦取天下的，他是帝王之师，是开国之师。

苏轼在《留侯论》一文中说道：

"观夫高祖之所以胜，而项籍（羽）之所以败者，在能忍与不能忍之间而已矣。项籍唯不能忍，是以百战百胜而轻用其锋，高祖忍之，养其全锋，而待其毙，此子房教之也。"

张良个人隐忍的本事可以从他和圯上老父相会的故事中看出来。第一次巧遇老父，那老人要他去捡踢掉到桥下的鞋子，张良原本惊愕想教训老人，却又忍住，看他是个老人家，拾起鞋子，甚至隐忍到跪一腿替老人穿上。老人去而复返，高兴"孺子可教"，约张良五日后相见，又以张良迟到为由改期再试，终于授予子房《太公兵法》。

这个因为忍之功夫得到的奇遇，使张良终身不忘忍字诀，以教人律己。

不过，张良并非消极的隐忍，而是等待时机一击搏杀。刘邦曾与项羽相约分兵入关，刘邦本来要用全力攻取嶢关，张良劝道："秦兵尚强，未可轻。"让刘邦暂时忍耐，不要硬拼。直到以重金买通秦将叛变，再趁士卒军心不稳，一举进兵夺关。张良在这场战役中，开始的目的，是保存实力，等到时机到来，乘势取胜。

张良的这种"忍"是和"狠"相结合的，开始要硬得下心去"忍"，接下来要狠得下心去抓住战机。古往今来，在政坛、生意场，哪有人不明白"忍"功的重要？小不忍则乱大谋。能忍得住，也能狠得下，那自然能稳操胜券了。张良把握时机、因势利导的关键在于忍。忍得到时机，该狠的时候更能狠；过分强调忍与狠的功夫，不免让人觉得张良是个城府深、心机阴险狠毒的人。但是老子云："弱者，道之用。"以弱守寡，是循机导势的重要前提。这种功夫，不仅仅是"术"的层次。能融会贯通这至深道理的人，必须涵养功夫达到"道"的境界，张良就是达到这种境界的高人。

所以，刘邦信服张良，主要在于张良至诚无私。虽"忍"不阴；虽"狠"不毒。运用奇谋，因机乘势。只让人感叹智计之巧妙，不致使人们有阴险狡诈的感觉，这里面的学问，幻化无穷，但是基本精神一脉相承。政坛、商场、对上、对下，事不同，理同。

难得糊涂

孟尝君是齐国的贵族，他为了巩固自己的势力四处招揽人才，投奔他门下的人他都来者不拒并且供养他们，使之成为他的门客。据说当时孟尝君门下一共收留了三千多个门客，在当时的名声很大。

有一次，秦昭襄王听到孟尝君的声名，想请他做丞相，但是后来又后悔，放了他又怕他知道太多秦国的秘密，于是想要杀死他。随孟尝君前来的门客中有善于狗盗之徒，帮助他盗出当初晋国献给秦昭襄王的白狐裘衣，买通了秦昭襄王的宠妃。经过这位宠妃的帮助他们得到了出关文书，但是，当时正值半夜，在关前多留一时则多一分危险，孟尝君的门客中有善于鸡鸣者模仿鸡叫，让城门及早打开使得他们安然逃出了秦国。

孟尝君回到齐国以后做了相国。他的门客更多了，他便把门下食客分了等级。这时来了一个叫冯驩的人要做他的门客，孟尝君问他有什么本事，他说没有，但是孟尝君还是收留了他，归属下客。冯驩并不满意这样，经常嫌待遇不好，还发牢骚，左右的食客都很厌恶他，孟尝君却把他提升为上客。后来孟尝君让冯驩去收取养活食客们的债务，冯驩擅自把债券烧掉了，说是买了仁义回来，孟尝君也没有和他多计较。不久孟尝君失去相位，门客尽散，只有冯驩跟着他，后来冯驩帮孟尝君想出“狡兔三窟”的妙计，使其重登相位。

大凡人与事都会有瑕疵，没有完美无缺的。如果太过追究不仅徒增烦恼，反而会因此得罪很多人。“人至察则无友”，换句话说，人总会有自己的优点。在孟尝君最危难的时候帮助他的，反而是那些看起来并不起眼的鸡鸣狗盗之人。用人要不拘小节，下属糊涂随意之时，行一些无伤大雅的糊涂之事，作为领导，大可不必计较。佯装不知，并非不知，这样，不仅自己不失体面，又能给下属一个台阶，从而使之心存感激，该糊涂时，做出糊涂之状，亦是用人的一大秘方。

孟尝君是一个聪明睿智的人，他懂得欣赏别人的优点，也懂得纳贤和宽容。一个成功的人肯定离不开别人的帮助，凭一个人的努力是无法取得成功的。孟尝君懂得适时糊涂，对于无法挽救的局面他懂得释怀，正如冯骥烧毁了债券后，孟尝君并没有对此追究。正因为孟尝君的大度才不断有贵人相助，成就了他传奇的一生。凡事留一线，聪明人都会给自己留有余地。

一天，宋太宗在北园宴请几个臣子，殿前都虞侯孔守正和王荣等都在其中。几经交杯换盏，不知不觉竟喝得酩酊大醉，孔守正夸起自己守边疆的功劳来了，王荣醉醺醺，听他如此说，心中大为不快，就插话说：“论起边疆的功劳你哪里比我大。”二人由此争吵起来，也不顾太宗在场，吵得面红耳赤，不可收拾，全然失去了为臣的礼仪。

侍臣看到如此情况，奏请皇上把二人抓起来押到吏部治罪。太宗不同意，派人把他们送回家。第二天两人酒醒之后，后悔不已，知道自己乱了为臣之仪，犯下了欺君之罪，连忙穿上朝服到金銮殿向皇帝请罪。二人见了皇帝急忙叩头跪拜，解释自己昨天是酒醉，在皇上面前有失检点，情愿受罚领罪。没想到太宗只是淡然说：“昨日我也喝醉了，不记得发生了这样的事。”这样，太宗简单的一句话就把问题解决了。二人再次跪拜谢恩，心中一块石头落了地，暗自告诫自己，此次太宗没有治罪，以后千万要小心行事，不能再犯。难得糊涂，宋太宗深谙此道。

人如果能明察是非、分善恶，那当然是好的，但如果做得过火，对别人要求过于苛刻，就变成对人求全责备的严苛挑剔，是对别人的一种刁难。你眼里容不得别人，又有谁甘愿跟你为伍？人非圣贤，孰能无过。每个人的性格和生活方式都有自己的特点，自己都并非十全十美，却希望别人十全十美，这是一种心理很不成熟的表现。做人不能太过严苛地要求别人，对于小的弱点、过失，应该包容、谅解，并尽量欣赏别人的优点。唯有如此，才能广交朋友，且左右逢源。

“难得糊涂”历来被推崇为高明的处世之道。难得糊涂，是一种大智若愚的表现，甚至有时还要装疯卖傻、“自毁形象”。锋芒太露易遭忌恨，更容易树敌，功高震主不知给多少下属臣子招来杀身之祸。

人称“竹林七贤”之一的刘伶，也是一个懂得难得糊涂的聪明人。刘伶之所以要做假糊涂人，是因为他要有所遮饰。自东汉党锢之祸以来，党同伐异，动辄杀人，已是家常便饭，刘伶不傻，当然看得明明白白。正当司马氏倡导儒学时，刘伶却倾慕玄风，大讲无为之化，又同阮籍、嵇康一见如故，“携手入林”。用现在的话说，就是思想上既不能保持一致、组织上又有敌对之嫌，当然就十分可疑，不堪重用了。刘伶心里明白，便不得不事事小心、处处提防了。《晋书·刘伶传》说他“澹默少言，不妄交游”，正是那谨慎小心的表现。他专意于文翰，多半也是怕被人抓住了把柄，平时表现出一副终日纵酒、胸无大志的模样，便不致引起对手的忌恨。

在为人处世中小事上装糊涂很重要。因为，小事装糊涂可使人心胸开阔些、宽容大度些，无论遇到什么事都可大事化小、小事化了。如果你与他人发生意见不一致，争论一阵后仍见不出高低。则不必再争论了，应当装糊涂，让争论在和平的气氛中结束。生活中，揣着明白装糊涂是一种达观、一种洒脱、一份人生的成熟、一份人情的练达。懂得了这一点，才能在复杂的环境中到达希望的彼岸。

糊涂有时是一种睿智的选择，能成为危难之中的救命稻草。莎士比亚在其著作《第十二夜》中有这样一句话：“因为他很聪明，才能装出糊涂人来。彻底成为糊涂人，要有足够的智慧。”当糊涂时就糊涂，且要充分掩饰自己的情绪，不动声色，表演得精彩、到位。在实际生活中，很多人对情绪控制得不好，由着自己的性情做事，想“糊涂”却又难糊涂。譬如，高兴的时候忘乎所以，对自己放任自流；遇到不顺心的事或各种各样的挫折时，有的人借酒消愁，吸烟解闷；有的人以牙还牙，反唇相讥，自找烦恼，自我加压。这些做法都有损身心健康。无论我们身处顺境或逆境，面对成功或失败，都应做到心境平和，当糊涂时就糊涂，笑看人生。

真正的糊涂并非是不明是非、不辨真理，而是洞察世事，一切大彻大悟后的一种宁静与置之不理，同时也是一种不去计较、从容的生活态度。一个真正懂得糊涂的人，能在生活中更能站在生活之外观察生活，因为不计较得失而更容易过得快乐。

一、将大事化小，小事化了

生活中总是不可避免地存在着这样或那样的矛盾和纷争，这些矛盾和纷争往往是由一些生活中的小事所引起的，如果我们采取难得糊涂的态度，睁一只眼闭一只眼，很容易小事化了。如果你事事较真，那么矛盾、纷争，甚至流血牺牲都有可能发生。

生活中有很多精明的人总是喜欢揪别人的辫子、抓别人的缺点，以为这样做就会显示自己比他人高明，实际上这种精明却往往会造成两个人关系疏远、分道扬镳。因此，糊涂一点对于一个人而言没有什么不好，在该糊涂的地方糊涂也是人生至高的一种智慧。

二、让自己活得快乐

与人交往、处世的关键是使心情愉快，但在现实人际交往中，似乎我们很难做到，我们的心情总是受到人际关系的牵制。心态平和是心情愉快的前提，难得糊涂就可以使一个人心态平和。

当你发现一些别人注意不到的东西，如果你一笑置之，不加追究，不久你就会忘掉这些东西，而一旦你指出来，最后会造成他人满心不快活，恐怕你自己的心也难以平静下来。因此，与其让自己陷入其中难以自拔，那远不如糊涂一点，不去追究那么多，让自己活得更加轻松一点。两个过于精明的人就像两只正在酣斗的公鸡一样，非要分出个你胜我败来，这对于身心健康是没有什么益处的。一个完美主义者会活得很累，不妨难得糊涂，学着去宽容而平和地看待事物。对那些鸡毛蒜皮之类的小事付诸一笑，对无关紧要的事网开一面。如果你这样做了，你会处于一个快乐的心境之中，正如人们常说的："原谅使人快活。"

保证"小事糊涂，大事不糊涂"，分清什么是大事，什么是小事。对于贪污腐败、行贿受贿之类违反道德和法律的事决不能糊涂；而对生活中的鸡毛蒜皮小事完全可以糊涂一下。常好为人师，指手画脚，求全责备，对人苛刻，眼睛里容不得半点不合意之处。这种精明人为了显示其精明处，常常是横挑鼻子竖挑眼，从来都不会难得糊涂一下，这种人容易招人厌，甚至严重影响自己的工作和生活。

人生匆匆数十载，学会难得糊涂，轻松生活，快乐自己。

人无信不立

据《玉泉子》一书记载，吕元膺任东都留守时，有位处士常陪他下棋。有一次，两人正对局，突然来了公文，吕元膺只好离开棋盘到公案前去批阅公文，那位棋友趁机偷偷挪动了一个棋子，最后胜了吕元膺。其实吕元膺已经看出他挪动棋子了，只是没有说破。第二天，吕元膺就请那位棋友到别处去谋生了。别人都不知道辞退他的原因，他自己也不知道为什么被辞退。临走时，吕元膺还赠送了钱物。

吕元膺之所以要辞退这位棋友，是由于他从这位棋友挪动一个棋子、搞了一个奸诈的小动作中发现了他的不诚信。诚信者，真诚守信之谓也。诚信，是人生的无形资产，是思想道德的重要组成部分。"人无信不立"，不诚信的人，不可能做好人，也难处世。与没有诚信的人交往，是十分危险可怕的。

挪动一个棋子，看起来是一件微不足道的小事，似乎不值得认真。但小事不小，小中可以见大。诚信，是一种美德，是一种可贵的善良；而不诚信，却是一种恶德，世间的无数不幸和灾祸的根源，无不是由恶德所滋生、引发的。小与大间，并没有不可逾越的鸿沟。

郑端所撰的《政学录》中有这样一段话：“有言必践，久久自然孚洽。苟一时欺诳，则终身见疑矣。”可见，不论做任何事情都必须“有言必践”，说到做到。约定的事情不要随意违反，讲过的话不要随意改变，更不能当面一套、背后一套，“面诺而背违”。如果任意欺骗，失信于人，别人也就永远会对你心存疑虑，怀揣戒备。

“一言既出，驷马难追”，“信用既是无形的力量，也是无形的财富”。诚信是衡量一个人品行的尺子，无论什么时候、什么地方都可以用其检验一个人。有的人言行之间，完全是南辕而北辙，不但做不到“言必信，行必果”，更常常用漂亮的言辞掩盖自己的丑恶行径。俗话说：无诚则有失，无信则招祸。

公元前686年，齐襄公派连称、管至父去戍守葵丘，讲好来年秋天瓜熟时节换防。但是，到了轮换的时候，齐襄公并没有派人去接替。连称就派使者去向齐襄公献瓜，委婉提醒齐襄公兑现诺言。然而，齐襄公不但不派人接替，反而恶语相加，肆意侮辱。于是，连称、管至父便偷偷地投靠了与齐襄公结怨甚深的公孙无知，最后三个人一起杀死了齐襄公。

齐襄公因为不守诚信而招来杀身之祸，但他的弟弟齐桓公却与其相反。齐桓公曾和鲁庄公举行盟会，会盟时，鲁国的曹沫劫持了齐桓公，要求齐国归还侵占鲁国的土地。当时，齐桓公没有办法，只得答应。齐桓公事后想反悔，但管仲就反对，说本来答应了，现在反悔，天下诸侯和百姓会认为齐国违背诺言不守信用，这样齐国就无法当霸主。于是，齐桓公践约还地。管仲认为，诚信乃天下的根本，不能动摇。

诚信是立业之本，是做人的准则。在现今商场上，管理者的诚信尤为重要，也尤为难得。如果一个企业、一个总经理讲信誉、守诚信，那么就会有很多人愿意与他合作、做生意；如果他没有诚信，那么就没有人相信他，也没有人愿意与他合作。韩非子说过：“巧诈不如拙诚。”

1874年，“红顶商人”胡雪岩汇集能工巧匠，耗白银三十余万两创建胡庆余堂国药号。创业伊始，胡雪岩即在药店门楣上镌刻“是乃仁术”四个大字，店内高悬“真不二价”烫金匾额，并亲书“戒欺”两字，旁注：“凡百贸易均着不得欺字，药业关系性命，尤为万不可欺。”确立了药品“采办务真，修制务精”的经营宗旨。胡庆余堂制药所涉及的药材不下三千余种，全为在全国药材产区自设机构收购的药材上品，倘有假冒药材进店，一概弃之。一流的企业还应有一流的服务，对此胡雪岩也是十分较真的。他要求员工不但服务应热情、周到、诚实，还应精通业务。一次一位湖州香客买了一盒“胡氏避瘟丹”，看后微露愠色，欲换之，不巧已售罄。胡雪岩再三致歉后即命三日后赶制出来，并给予其免费在店膳宿。还有一位在萧山县署当差的敖姓四川人，持五百两银子，走遍杭城钱庄，都说质劣不予兑换，抱着最后一试来到阜康钱庄，胡看后笑曰：“这是上等纹银，有何可疑？”敖生返署后赞不绝口，这样一传十、十传百，声名洋溢，一时达官显贵都以存资阜康为荣，是年钱庄积资三千余万两银子。更为称奇的一件事是，一位即将上前线的驻浙绿营兵罗尚全，慕名登门存一万两银子，声称不要计息、不要收据，三年后来取，但不幸罗阵亡了。胡雪岩得知后，在毫无凭据的情况下，主动连本带息付予罗的家人一万五千两银子。

此外，胡雪岩还主张商人应当“重义不轻利”。讲究“仁义”是他的商业精神和人格魅力的核心，以此取得民心，诚服员工。他有一句名言谓之“一碗饭，大家吃，花花轿儿人抬人”，这就是商事中的互惠“双赢”原理。他常主动给药农贷款，面对洋商刁难蚕农压价收购蚕丝时，敢冒风险以较高价购入。在人家有急难时敢于挺身相助，尤其在成为巨富后，更热心于赈善扶危、兴办公益事业。在清军攻克杭城后，饿殍遍地，饥民满街，他不但收葬残骸上万具，还捐米万石，施粥施药。那些年，旱涝灾频发，他先后捐助直隶、汉口、江苏、陕西、山西、河南等地灾民钱、物以及药材总折价达二十余万两白银，还在杭城兴义渡，开义塾，由此博得了一个“胡善人”的美名。

商场上，人们极为看重为人之道，认为做生意在本质上就是做人，因而人品最为重要。很多商业实践都已证明：商业的成功与高尚的品德密不可分，只有具备高尚的品德，才能享受真正的成功和永久的快乐。

山西盂县商人张静轩说：“经商交结务存吃亏心，酬酢务存退让心，日用务存节俭心，操持务存含忍心……前人之愚，断非后人智可及，忠厚留有余。”由于晋商严于律己，为人诚恳忠厚，行商不欺诈，故人都愿意与之共事。

在做人修养上晋商表现出了诚实忠厚的一面。他们认为“和气生财”，“和为贵”，凡事不做过分，不做法外生意，讲求以诚待人。晋商与同业往来中，既平等竞争，又相互支持与关照。

运营资本乃商家之生命，犹如血脉，须臾不可缺少。但做生意，难免有短缺之时，互助借贷，自然是常有的事。如何对待借债，对商家和个人的品格无疑是一大严峻的考验。有“天下第一乔”美称的乔家，对债务的态度是：欠外的一文不短，外欠的听其自便。由此，足见其胸怀宽阔和品格的高尚。

一个人要想在社会立足，干出一番事业，就必须具有诚实守信的品德。一个弄虚作假，欺上瞒下，糊弄国家与社会，骗取荣誉与报酬的人，是要遭人唾骂的。诚实守信是一种社会公德，是社会对做人的基本要求，是追求成功的必由之路，它既体现了对他人的尊重，也表现了对自己的尊重。对别人的承诺言而无信，不仅有害于对方，有时也危及自己。自己无法招架，最后的结果只能是失去了信誉，得罪了人。

人的能力是有限的，在感到自己做不到时，你最好不要轻率地向别人许诺。这样做并不代表你无能，相反还会有许多好处：向你提出要求的人只能表示遗憾，并不会认为你说话不算数，从而也不会对你产生不信任感。更何况，事情和形势的变化是非常快的，你做不到但没有许诺，事后你也不会感到愧疚。

但是一旦已经许诺，就应该认真对待，努力去实现，尽量不要让对方感到失望。世事难料，如果你做不到你曾许诺过的事就应该及时地通知对方，说明自己的理由并表示真诚的歉意，这样你就会得到别人的谅解，同时也可避免失去信用。

失信于人，说话不算数，许诺不兑现，也就意味着你丢失了为人起码的品质，在别人眼中你就会失掉为人的信誉。失信是一种只顾眼前不顾将来、只顾短暂不顾长远的愚蠢行为，有了它，你将一事无成。

攻心为上

“凡伐国之道，攻心为上，攻城为下；心胜为上，兵胜为下。是故，圣人之伐国攻敌也，务在先服其心。”善攻者，先攻其心，后攻其城。攻心者。智也；攻城者，力也。以智服人，恒久；以力压人，暂短。所以，攻城是下策，攻心才是上策。

我们阅人、读心，揣测一个人的内心世界，培养自己洞察他人性格的能力，归根结底都是为了深明他人的特点，并借此找到突破口，这样，才能了解、操纵他人，让自己在人际交往中更加顺遂和成功，从而达成自己的愿景。所以说，攻心，才是读心的目的。攻心为交际之本。

很多人都以为，那些谈判高手或交际大师，都是口才流利、能言善辩的人，其实不然，只有懂得“攻心”才是谈判或交际成功的关键。包括FBI和知名国际公关公司在内的许多谈判高手都表示，要影响一个人，口才不是重点，攻心才是关键。

美国联邦调查局一位专门攻克罪犯人格和心理的探员，多次突破重大罪犯的心理防线，侦破了不少重案，而当记者采访他时，却发现他竟然是个不善言谈的人，他的话不多，却每句话都很精准且有力量，他告诉记者，他不是个善于言谈的人，而要盘问罪犯，靠的也不是口才，而是攻心策略。刘邦的“四面楚歌”，就是一种攻心术，唱得项羽军心动摇，一败涂地。

无论是谈判还是争论，往往你的话是子弹，而对方的心理弱点和需求是唯一的目标靶，如果你瞄不准靶子，或是根本就不知道靶子在哪里，尽管妙语如珠、说话像机关枪，也只是徒劳。所谓成功的攻心，就是抓住了对方的心理弱点或死穴，分析出了对方的心理需求，彻底从“心”里去掌握优势，不浪费子弹，以最小成本达成目的，完成任务。打蛇要打七寸，攻心要攻死穴，如果你想要说服一个人，说出的话得让人觉得不痛不痒，倒不如一句话都不说，直到打探到对方的心理弱点时再说。

可能在生活中，谁都没有想过，要说服一个人去送死，该用什么样的策略去“攻心”呢？要说服别人去“送死”，这几乎是不可能的事，然而却确实有人做到过。

第二次世界大战期间，美国因为参战而必须动员大批青年男子服兵役，但多数美国青年过惯了和平年代的舒适生活，并不想去战场上送死，于是纷纷抵制美国五角大楼发出的征召令。俄亥俄州的地方行政长官尽管已说得口干舌燥，却仍然无法说服那些意见纷杂的青年们。这时，有人将一位著名的心理学家介绍给焦头烂额的州长。心理学家来到募兵现场，先沉默了五分钟，然后开始了演讲：

“亲爱的孩子们，我和你们一样，特别珍惜自己的生命。首先我要提醒大家，热爱生命是无罪的，因为，我们每个人都只有一次生命。凭良心说，我同样反对战争、恐惧死亡，如果要求我到前线去，我也会和大家一样想逃避这项命令。但是，我也存在另外一种侥幸心理：假如我服兵役，可能只有一半的概率会上前线作战，因为也有可能会留在后方；即使上了前线，我作战的可能性同样也只有一半，因为说不定我会成为某长官的左右手而留在安全地区；万一我不幸必须扛起枪，受伤的可能性仍然只有一半；即使不幸挂彩，如只受轻伤也不致受到死神的召唤，因此，我实在没有担忧的理由；如果是重伤，或许在医生的帮助下也有可能逃离地狱的鬼门关；就算真的运气不好，如果我不幸为国捐躯，亲人和朋友也将替我感到骄傲，我的父母不但会受颁一枚最高勋章，还可得到一笔数量可观的抚恤金和保险金，邻居小孩子们会以我为英雄，把我当成偶像来崇拜。而我，一位伟大的战士也将进入天堂，来到慈祥的天父身边，说不定还会见到万人敬仰的华盛顿将军。”

心理学家的这段话，让那些极力抗拒上战场的青年们表示愿意赌一次——他们或是有英雄主义情节，或是有人家境贫困，万一阵亡可领巨额抚恤金。心理学家的话，攻下了青年们的心理防线，使他们成功地被说服了。

实际上，这位心理学家只是发挥了他洞悉人性和他人心理，以及感情软肋的特长。他先瓦解了青年们坚固的防御心理，进而掌握了他们潜意识下的心理需求，然后将他们一步步引入自己的预期目标，巧妙地操纵对方的情感，使其轻易就范。

战国时，齐国兴兵打楚国，楚国的令尹子发率兵抵御，交战三次，三次皆败，眼见就要竖白旗投降了。楚国用了很多计谋都没有办法，齐军始终未受影响，反而声势愈强，子发正在无计可施、无路可行的时候，有一位小偷求见统帅，说：“我会偷窃，到时候愿去敌营试一试，说不定会扭转局势哩。”子发于无可奈何的时候，姑且派他去活动一下。

这小偷便偷偷摸摸去了敌营，偷了齐将的帐子回来交给子发，子发使人公开地还给齐将。第二晚，小偷又偷回齐将的枕头，又送还了。第三晚，小偷又偷到了齐将头上的发插，子发复使人奉还。齐将此时大惊了，这样下去，岂不要连头都被偷去了？于是急切下令班师回朝，楚国才转危为安。

在国家危难之际，利用攻心之术给齐军一种警告，从心理上给对方造成压力，从而转危为安不失为一种出人预料的高明之举。诸葛亮妙算如神，很擅长用攻心战术。

刘表有两个儿子，长子叫刘琦，小儿子叫刘琮。刘表的后妻偏爱刘琮，刘表听信后妻的话，也冷落刘琦，刘琦很是苦恼。刘琦听说诸葛亮学识渊博、智慧出众，就想求助诸葛亮。

有一天，刘琦来见刘备，刘备正与诸葛亮说话。刘琦哭着拜见刘备说：“继母不能容纳我，望叔父救救我吧。”刘备说：“这是侄儿的家事，怎么来问我呢？”刘备看了看诸葛亮，意思是让他想个主意。诸葛亮笑笑说：“这是家事，我不敢过问啊！”坐了一会儿，刘备送刘琦回去，出门时低声对刘琦说：“过几天我让诸葛亮回拜侄儿，你再求求他，一定会有妙计相告。”刘琦谢着告辞。

过了几天，诸葛亮代刘备回拜刘琦。刘琦迎入后堂，敬完茶，刘琦说：“先生既来我家，请帮我出个主意吧。”诸葛亮说：“我到你家做客，怎能参与你们的家事？”说罢起身要回。刘琦忙说：“既已到此，多坐一会儿吧！”就挽留诸葛亮到一密室饮酒叙谈。饮酒中间刘琦仍苦苦哀求诸葛亮献计，诸葛亮不说话，过了一会儿又要告辞。刘琦说：“我有一套古书，先生愿意看一看吗？”就引他上楼。上楼后，诸葛亮问：“书在哪里？”刘琦拜倒哭应道：“继母实在容不了我，我无法活下去了，难道先生忍心见死不救吗？”诸葛亮仍不肯说，起身要下楼，但梯子已被人撤掉了。刘琦说：“我想求教先生良计，先生唯恐泄露消息，不肯告诉我听。今天这里，上不着天，下不着地，话从你口中说出来，只流进我的耳朵里，总可以说了吧！”诸葛亮只得重新坐下，想了想说：“良策有了。”刘琦说：“先生请快说给我听。”诸葛亮说：“公子难道没有听说过申生、重耳的故事吗？”（申生和重耳都是春秋时期晋献公的儿子。献公宠爱骊姬，想立她生的儿子奚齐作太子，骊姬在献公处进谗言欲陷害申生与重耳两人，申生不肯逃亡，被迫自杀，重耳逃亡国外，后来返回晋国成为国君。）“现在江夏正好少一个防守的将领，公子可以请求带兵驻守江夏。那样就可以避免灾祸了。”刘琦听后，非常高兴，再一次拜谢诸葛亮，叫人架上梯子，送诸葛亮下楼回府。

第二天，刘琦求见刘表，说想去防守江夏，刘表犹豫不决。请刘备来商量。刘备说：“江夏是重地，别人防守不太可靠。正好公子愿去，我认为此事可以答应。”于是刘表就命刘琦领兵3000人赴江夏镇守重地去了。

在不得志或暂时失利的时候，忍让也是一种立身谋略。其目的是回避了眼前的矛盾，以图在之后适当时东山再起。“留得青山在，不怕没柴烧”，刘琦从诸葛亮那里得到了保身之计。其实，诸葛亮是故意逼刘琦使出上楼抽梯的绝招，然后把避祸之计说出。而诸葛亮的本意是帮助刘备夺取荆州，偏偏刘备不肯乘刘表内外交困时下手，只好利用刘琦请求避祸之计的机会，提出镇守江夏的建议，为刘备将来不敌曹操时，有一个去处。真是置之死地而后生。

刘备死后，诸葛亮辅佐刘禅，掌握国家实权，以再兴汉王室为目标，积极筹划北征事宜。但是，在这之前，诸葛亮却有必须解决的问题，那就是西南夷的叛乱。

西南方异民族大规模的叛乱行动，威胁到蜀汉的根基，诸葛亮也不得不引以为忧。要以武力镇压他们虽然是件轻而易举之事，但因目前正和魏国抗衡，应该避免耗损兵力。如果可能的话，收服他们共同协力合作，也可免于后顾之忧。

诸葛亮征求参谋马谡的意见。马谡说："西南蛮族凭仗他们险阻的地形，所以不会长期归服，今日击败了他们，明日他们又会掀起反旗。丞相一心只考虑赶快结集全国的兵力北征，和魏决一雌雄，如此一来，本国就成为一座虚城，他们知道后，一定会立刻举兵反乱。当然，把他们通通杀死可以铲除祸根，但这不是仁者之道，而且，应该心和心战，而不是兵和兵战。所以，请务必要让他们心服为要。"

诸葛亮对马谡的进言非常赞赏，于是决定南征，作战的基本要点为"攻心"。那么，诸葛亮是如何攻异民族的心呢？反叛军的首领叫孟获。诸葛亮在出兵之前，对全军士兵下了公告："不可杀孟获，要生擒。"经过激烈的争战，孟获被俘带到诸葛亮面前。诸葛亮带着孟获进入他们的阵营，对孟获说："你认为我军的排阵布置如何？"

孟获答道："就是因为不了解你们的排阵才会失败，现在我都知道了，下次一定会胜利。"诸葛亮笑着说："这倒有趣，好，把这个人给放了。"因此，孟获被捉了七次，七次都被释放。孟获第七次被抓来时，心里一直想着"我又来了"，诸葛亮也看出了一点眉目，于是又要释放孟获。孟获这时说道："你真是神啊！你也不必再释放我了。"所以孟获就再也没有离开诸葛亮了。

反乱平定后的统治，诸葛亮采用当地主义，任命反叛军的首领为当地的官吏。并且把远征的军队全部撤回到关中，这些措施，也可以说是对当地人的人心收揽术。平定南方，断绝了后顾之忧的诸葛亮，更加接近了北征之途。

止　怒

有一天，佛陀在竹林精舍的时候，忽有一个婆罗门愤怒恶言地冲进精舍来。因为他同族的人，都出家到佛陀这里来了，使他大发嗔火。佛陀默默地听他的无理胡骂之后，等他稍为安静时，向他说道："婆罗门呀！你的家偶尔也有访客吧？"

"当然有，瞿昙呀，何必问此！"

"婆罗门呀，那个时候，偶尔你也会款待客人吧？"

"瞿昙呀！那是当然的啊。"

"婆罗门呀，假如那个时候，访客不接受你的款待，那么，那些菜肴应该归于谁呢？"

"要是他不吃的话，那些菜肴只好再归于我！"

佛陀以慈眼盯了他一会儿，然后说道："婆罗门呀，你今天在我的面前说很多坏话，但是我并不接受它，所以你的无理胡骂，那是归于你的！婆罗门呀，如果我被谩骂，而再以恶语相向时，就有如主客一起用餐一样，因此我不接受这个菜肴！"

然后佛陀对他说了以下的话："对愤怒的人，以愤怒相还，是一件不应该的事。对愤怒的人，不以愤怒相还的人，将可得到两个胜利：知道他人的愤怒，而以正念镇静自己的人，不但能胜于自己，也能胜于他人。"这个婆罗门经过这番教诲，就在佛陀门下出家，不久，成为阿罗汉。

佛陀不但以睿智的问话、大度的举止浇熄了婆罗门的怒火，让他的无理谩骂归于自己，而且用一句偈语深深点醒了包括婆罗门在内的所有人，不管是愤怒者还是被发泄愤怒者。愤怒者要镇静自己，而被发泄愤怒者不必以牙还牙，因为对人发泄愤怒的情绪，自己也同样饮着愤怒的苦酒。你用什么样的量器量给人，也必用什么量器量给你。给人的一切，终会回到你自己的身上。德国古典哲学家康德说过："发怒，是用别人的错误来惩罚自己。"如果大度而机智地应对别人的愤怒和谩骂，反而可以得到两个胜利，即战胜自己和战胜他人。

佛家讲究戒嗔、戒贪、戒痴，因为此三种意念，为世人心念之毒，必须戒除方能得以独善其身。

暴躁的情绪，很容易令人丧失理智，令人陷入歇斯底里的状态，而且对身体机能的损害也非常大。因为当人处于极度愤怒的状态时，全身神经都处于紧绷状态，情绪也跟着起伏不定，还会因为情绪失控而使中枢神经处于极度兴奋的状态，导致人的身体机能产生异常。有些人情绪不佳的时候暴饮暴食，或者无限制地用酒精麻醉自己，甚至引发心理疾病，这些都是因为情绪失控而引起的。更多时候，当我们对一件事情持有不同的观点，或者因为存在怨恨而大发雷霆时，实际上是在用别人的错误惩罚自己。因为发怒总归不会是无缘无故的，总会有个引子在那里，当别人做错了事，你却用损害自己身体和情绪的方式去解决问题时，已经是在用对方的错误来惩罚自己了。

无益之怒破坏人们健全的思维能力，使人的认识范围缩小，情绪冲动性增大，故难以理智地处理问题，做出错误的抉择，以至小事闹大，酿成灾祸。生活中这样的教训并不少见。从心理的角度看，无益之怒会破坏愉快乐观的心境，容易让人陷入连绵不断的恶劣情绪中，直至损害了正常生活工作的状态。怒气还有感染性和蔓延性，对人对己都会带来消耗。从生理卫生的角度看，无益之怒破坏人的身体健康，很多人在盛怒之下中风、血压增高、引起意外；人在发怒时，心脏的冠状动脉也跟着紧缩，可能引起致命的冠状动脉闭塞。持续怒火的积累，能击溃一个人自身的保护机制，使人降低抵抗力以至为疾病所侵袭。

青年人血气方刚，怒气越大，越容易失去理智，甚至做出愚事来。因此，在生活道路中掌握制怒的艺术，对青年人的情绪健康是十分重要的。如果怒气已经产生了，就需要有止怒的能力，尽量减小怒气引起的不必要麻烦。首先，要尊重别人，即便是自己的下属、同事、亲人，也要尊重对方的人格。有些事情，盛怒之下不容易清楚，那就先放一放，等气头过去后，再心平气和地坐下来谈，这样，就可以避免因感情用事而把事情办坏、把关系搞僵。人生在世，常有坎坷和挫折，令人气愤的事时有发生。问题是愤怒伤身且坏事，所以，必须克制自己，尽量不要发怒；怒气一旦出现，就要善于制怒。下面介绍几种制怒方法。

一、在怒气刚产生时，及时地止怒

一般来说，刚开始的怒气是比较脆弱的，容易控制。如在开始时不能以理智止怒，任凭它像决堤洪水一样泛滥，十分有害。感觉身体或情绪的变化，觉察到你的情绪已经快爆发了，提醒自己先深呼吸并注意自己呼吸的方式，试着让自己冷静下来。当我们自己意识到怒火已经起来时，最好的办法是强迫自己先不要讲话，采取缄默态度，这有利于冷静的思考。俄国文学家屠格涅夫曾劝慰情绪激动的人说：“在开口之前，先把舌头在嘴里转十个圈。”凡是自我意识比较健全的人，发怒时，必须先行意识控制，以自己的道德修养与意志修养使消极的愤怒不发生或减低情绪反应。例如，在发怒时，不妨先在脑子里假设一下：我怒气冲冲就能解决问题吗？如果不能，那么是不是可以用其他的方法来代替？心中可默念：息怒！息怒！犯不着这样！这样可使心理活动的动力系统产生抑制作用，从而达到制怒效果。当情绪处于极度高昂的状态时，不妨先冷静下来，给自己十分钟的时间，想一想这件事情是不是必须用发火的方式才能解决。

二、理智地让步

遇到使人愤怒的人和事，应该想到，发怒并非良策，反而可能增添新的麻烦，应该采取让步的办法。理智地让步，不仅在心理上获得解脱，还会引起别人的谅解和同情。学会反向和多向思维。有人在发怒时，会越想越气，越想火越大。这是因为愤怒的情绪起了导向作用，直至思想走到极端上去。如在此时理智地展开反向与多向思维，朝相反的方向想想，朝几个方面想想，看看自己的怒是不是合适，是不是对头，如果真令人愤怒，能有什么有效的渠道和部门去解决，这样，头脑能较为冷静和理智。适当地将自己和对方换个位置，想一想对方为什么要做令你不愉快的事。这是一个非常棒的处理方式，因为这样更容易让我们了解对方的处境。

三、注意言行，控制自己

怒气已起时，要更加注意自己的行动，防止行为的失控而导致新的致怒因素，连续不断地使怒火升级，发展到狂怒的程度，自己的行为也就失控了。同时，要采取一切可能的办法，使自己的怒火平息，或脱离争吵场所，换换环境，不能在发怒的现场决定重大问题。遇到令人气愤、不顺心的事，或长期处于逆境之中，要善于支配自己的感情，化气愤为干劲，在逆境中奋发。这样，既能使自己做出一番事业来，同时也能使自己在有所作为中得到解脱。

四、接受别人的劝告

在止怒中，要把怒气的自控和旁人的助控结合起来，乐于接受别人的劝告，注意听听别人对这个问题的分析和看法。但是，越是在盛怒的时候，越不容易听进别人的话。所以，止怒不但需要一定的方法，而且更需要一种能力和修养，当发生过一次发怒的事件后，特别要总结一下自己的言行，运用自己的理智和幽默感来渡过这一关。

五、合理宣泄

令人气愤之事一旦发生，为了不使悲愤进一步加剧，或是强压在心中憋出病来，就必须设法解开因悲愤而形成的“结”。可以理智地找一个通情达理的人，尽情地倾诉一番自己的委屈，求得他人的开导和安慰；或是唱唱笑笑地把“气”放出来；也可短时间地痛哭一场。当然，迁怒于他人或损坏公物则不可取。

六、转移注意力

发怒时在大脑中有一个强烈的兴奋灶，转移发怒的刺激物，就是在大脑中建立另一个兴奋灶，用以削弱或抵消发怒的兴奋灶，这是一种积极地接受另一种刺激以达到制怒目的的方法。例如，当要发怒时，可强制自己去做一些平时感兴趣的事情，如有意识地唱歌、听音乐，或欣赏名画，去有利于放松自己精神的环境中（如可以听听古典音乐），也是息怒的有效方法。可以外出散散步，或者和朋友们去喝杯咖啡，聊一聊自己的烦心事，获得一些建议；要不就给家人做一桌子菜，然后看着他们快乐地吃喝，就会觉得什么烦恼都没了。对于生活一些愤怒的刺激，要主动避开，眼不见则心静，以免发怒。儒家提倡“非礼勿视，非礼勿听”，确能起到回避致怒刺激的效果。分散注意力，把自己暂时从怒火中烧的状态中解救出来，通过专注于其他事情来获得情绪的转移，这是很有效的方法。

七、怒后自省

如果你无法控制自己的愤怒，那么，就应在愤怒的风暴过去后，找出令你愤怒的原因。例如，发现自己信任的朋友背后把你的秘密告诉别人时，心中虽然很气愤，但是当愤怒情绪过后，想想自己为什么生气？是因为被朋友出卖的感觉让你生气，还是秘密被别人知道的难堪？想想如果下次再发生时，自己可以怎么做，站在对方的角度看事情，或许事情不像你想象的。

止怒的关键一点，是拓宽我们的心理容量。让我们从生活小事上培养容人之量着手吧。然而人生总会在生活中遇到令自己不开心的事情，这是无法避免的事实。以上方法都只是针对常态问题做的一些建议，还有许多其他情绪管理方法，都值得我们多看、多学、多感悟。

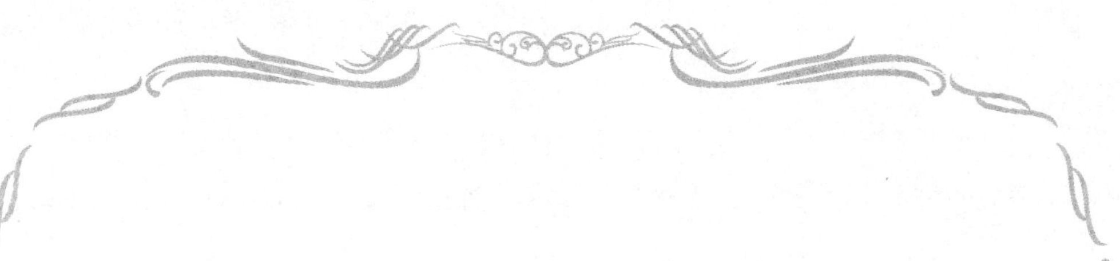

细节决定一切　第三章

说话的细节

我们每天与人打交道绝大多数情况下都是用语言来进行交流，而语言是思想的外衣，良好的口才已经成为了敲开成功大门的利器。妙语连珠、舌灿莲花绝对可以让你在交际场上纵横捭阖,出众的口才永远是无往不胜的利器。说话的目的在于交流，而其诀窍在于把握人心。把握说话过程的细节，有助于更好地表达自己的想法。三寸不烂之舌可以抵得上百万雄兵，说话就得见人说人话、见鬼说鬼话，到什么山唱什么歌，因人因时因地而制宜，讲究说话的技巧、火候。规劝、拒绝、赞美时的分寸如何拿捏十分重要，而幽默的语言更有点石成金的作用。说话是一种交流，不单单只是说，配合好的倾听，才能营造良好的沟通氛围。电话沟通技巧也是不可忽视的一门学问。

规劝的细节

语言是思想的外衣，良好的口才是与人交流无往不胜的利器。“一言可以兴邦，一言可以亡身”，会说话的人总是左右逢源、如鱼得水，而不会说话的人却屡屡碰壁、寸步难行，语言是一门艺术。生活中可能出发点和立足点都是善意的，但由于说话的方式不当反而造成一些不必要的误会甚至争端，给自己造成困扰，适得其反，这是最可惜，也是最让人感到苦恼的。

在现实生活中，很多时候在不经意的情况下就会有许多过错，而当事人自己却不能及时发现，也就是所说的“当局者迷，旁观者清”。亲朋想要去规劝却发现当他们听到别人指出自己过错的时候，并不领情甚至会产生逆反心理。因此规劝也得讲究方式、方法，把握一些细节，这样，才能让你的善意得到最大限度的发挥。

一、站在对方的立场考虑问题

烛之武以一己之力不费一兵一卒，成功劝退秦兵且使其留下大将协助郑国，可见“三寸之舌强于百万雄师”所言非虚。

春秋时期，秦穆公有向东扩展的打算，因此与晋国联合讨伐郑国。晋军驻扎在函陵，秦军驻扎在氾水的南面，对郑国形成了夹击之势。

此时的郑伯心急如焚，佚之狐向他举荐了一向没有被重用的烛之武，郑伯同意了。于是当天夜晚命人用绳子将烛之武从城上放下去，见到了秦伯。烛之武对秦伯说：“秦、晋两国围攻郑国，郑国已经知道要灭亡了。假如灭掉郑国对您有好处，我们怎么敢冒昧地拿这件事情来麻烦您呢？秦国越过邻国把远方的郑国作为东部的边邑，您知道这是困难的，您为什么要灭掉郑国而给邻国增加国土呢？邻国的势力雄厚了，就意味着您的秦国势力也就相对削弱了。然而如果您放弃围攻郑国并把它当作东方道路上接待过客的主人，郑国可以随时供给那些来来往往出使的人需要的东西，对您也没有什么害处。而且您曾经给予晋国恩惠，晋惠公曾经答应给您焦、瑕二座城池。然而惠公早上渡过黄河回国，晚上就修筑防御工事，这是您知道的。晋国这样一个贪婪的国家，怎么会轻易满足呢？现在它已经在东边使郑国成为它的边境，又想要扩大它西边的边界。如果不亏损秦国的土地，又从哪里得到呢？削弱秦国对晋国有利，希望您一定能好好考虑这件事！”一席推心置腹的话，说得秦穆公茅塞顿开，心悦诚服，就跟郑国签订了盟约。并派遣杞子、逢孙、杨孙守卫郑国，于是秦国就撤军了。

这是一篇非常漂亮的外交辞令，更是以三寸不烂之舌击退百万雄师的经典案例。秦国之所以会出兵，表面上是由于同晋国是同盟关系，实际上无非是为了借机扩张自己的势力。如果让他明白郑国灭亡只会对晋国有利，而对自己不仅毫无益处反而有害的时候，他就会反过来帮助郑国。烛之武正是看准了这一点，紧紧抓住了秦穆公的这一心理，动之以情，晓之以理，最终达到自己的目的。烛之武很清楚一点：秦国当然不会考虑郑国的利益。所以，他在说服秦伯的时候，对郑国的安危避而不谈，反而以秦国的利益为出发点，分析郑亡对于秦国的利弊，使秦伯认识到郑亡确实对秦有百害而无一利，最终使秦国退兵保住了郑国。

烛之武说话的艺术体现在，虽是去劝说秦穆公放弃攻打郑国，言辞之中却处处为秦国着想，这就容易使秦君听进去。身为即将亡国的小国使臣，却在敌国君主面前不亢不卑，从容不迫，实在是大将风度。劝说的对话很短，却说了五层意思，委婉曲折、面面俱到，从亡郑于秦无益，到秦、晋历史关系，到晋国灭郑之后必然进犯秦国，步步深入，层层逼紧，直击要害，说服力极强。

烛之武的成功与他杰出的说辩才能是分不开的。而秘密就在于说服他人时一定要站在对方的立场上，考虑对方的利害得失。任凭你大道理讲一堆，如果与对方的利益无涉，也是枉然。

二、委婉的态度更适用

唐太宗李世民以善于纳谏著称，是开创了“贞观之治”的一代明君，而他的贤妻长孙皇后功不可没。长孙皇后贤明知礼，凡事以大局为重，是唐太宗的贤内助。有一天，唐太宗退朝后怒气冲冲地对皇后说：“我一定要杀了他。”一头雾水的长孙皇后细问后才知道是要杀了大臣魏徵。原来魏徵直言敢谏，常常在大庭广众之下公然地顶撞皇帝，使他脸上无光。谁知皇后却马上郑重其事地穿上隆重的官服，认认真真地站在院子里向他参拜。说道：“我听说，皇帝英明则作为臣子的就会正直，而魏徵之所以能够正直，是因为您的英明，我怎能不祝贺呢？”听了这番话，太宗的怒气自然就消了，也感觉自己当时的想法确实是过激了。不久就把魏徵提拔为宰相，后来魏徵病故之后，太宗悲恸不已，亲自到昭陵送葬书写碑文，而且感慨地说：“以铜为镜，可以正衣冠；以古为镜，可以知兴替；以人为镜，可以明得失。如今魏徵去世了，我也失去了一面镜子。”贤臣明主的一段佳话与长孙皇后从中的机智调和分不开。

从心理学上来说，人们都喜欢别人对自己的赞美，而对他人的批评都会心生抗拒。如果不掌握说话的技巧，很难说服对方。因此，在说服和规劝他人时不妨委婉一些，这样，效果可能更好。表达的道理要具有征服力和穿透力，但是从表达的方式上却要精微巧妙，含蓄委婉，以情感人，直入人心。

三、将计就计

汉武帝是历史上的一代霸主，但是却不是善于听从别人意见的人。跟秦始皇一样，他也想要长生不老，所以遍求方士希望自己能够得道成仙。这在他人眼里是非常荒唐的事情，但是此时的汉武帝已经达到了执迷不悟的程度。大臣东方朔认为汉武帝如此痴迷，肯定会对国家社稷不利。一天，趁着汉武帝心情好，东方朔便提起了这个话题，他说：“方士们找到的药，不过就是大自然中的药材，是属于人间的药材，但是人世间又怎么会有可以让人长生不老的仙药呢？这种药只有天上才会有，才可以让陛下您真正长生不老。”汉武帝一听很感兴趣，就问：“谁才能上天去取药呢？”东方朔认真地说：“只有我能上天去取。”于是武帝下令东方朔同一位方士在三十天内为他取到。

但是东方朔领命后并没有急于寻找仙药而是整天饮酒作乐，转眼一月期限已到，那位方士已经急得团团转了，却不见他有丝毫紧张的神色，仍然是饮酒说笑，只是说：“神鬼的事情哪是能随便说清楚的？别担心一切我自有安排。”听到这些那位方士也就不再催促。

一天当方士正在长睡时，东方朔突然推醒他。说道：“我叫了你老半天也没叫醒你，我刚从天上下来，药还没拿到。”方士听闻后大惊，赶忙报告武帝。武帝大怒，要治东方朔的罪。东方朔哭丧着脸说：“没想到才一会儿工夫，我就要死两回。”武帝很奇怪，就问为什么。东方朔说：“我到天上后，玉皇大帝问，人间的衣服是什么做的？我说是虫子做的。玉帝又问虫子是什么？我说虫子有着像马一样的嘴，有像老虎一样的颜色。玉帝听了大发雷霆，说我骗他，还派人到人间来调查，最后调查出来这虫子就是蚕，才饶了我。我说的都是实话，陛下您不信的话可派人到天上去问，要是我瞎说再惩治我。”直到此时武帝才彻底明白，自己想要到上天找仙药的想法何其荒唐。但他毕竟是帝王，便说道：“那些方士果然奸诈。你也不差，不过你的目的是不让我接近那些方士，不去想长生不死。”从此汉武帝就不再接近方士。

东方朔的这种将计就计的策略，在言谈嬉笑之中完成规劝。在动不动就要杀头的时代，这不失为一种臣下劝诫帝王的办法。可见，规劝的方法一定要得当，既能让对方了解真实的情况又能保存颜面。

拒绝的细节

拒绝别人是一件很难的事情，中国人可以说是最不懂得“拒绝”的民族，当别人请求帮助时，如果你拒绝的话，肯定会影响双方的感情，导致关系疏远。但是有时候，有些事情确实难以办到或有违原则甚至法律，这样就很容易陷入两难的境地，让人既矛盾又苦恼。当你确实有难处时就应该学会拒绝的艺术。

一、态度要坚决

拒绝时，要保持简单的回应。如果你要拒绝，就要坚决而直接。可以使用这些短语，如：“感谢你看得起我，但现在不方便”或“对不起，我不能帮忙”。尝试用你的身体语言强调“不”，不须过分道歉。拒绝时，要避免模棱两可的回答，如“再考虑考虑”等，讲话的人或许认为这是表示拒绝，可是有所求的一方却误认为对方真地替他想办法，这样一来，反而误导了对方。很多人容易犯的一个毛病就是在拒绝别人的时候太优柔寡断了。他们虽然拒绝了别人，但是他们的拒绝听上去有些动摇。如果你这样回应别人的话，会有更强的人来向你施压，直到你点头答应为止，这是因为他们觉得事情还有商量的余地。因此如果你要拒绝，你就得让别人清楚地知道你不会再改变主意了。但是别表现得太粗鲁，一句简单的“不，我现在实在无能为力”就够了。

二、要注意一定要保全对方的面子

本来遭受拒绝就已经使对方感到受伤了，再让对方脸上无光，肯定会很郁闷和愤恨。因此，当你拒绝别人时一定要态度温和，先道歉而后一定要详细陈述自己不能提供帮助的原因，让对方在情感上可以接受，才能避免负面情绪的出现。在拒绝别人之前，一定要认真地听完别人的求助，即使在对方讲述中途就已经知道必须加以拒绝，我们也要听对方把话讲完。这一方面是表示对对方的尊重，另一方面是表示我们确实帮不了忙。如果我们还没有等别人把话说完，就满脸愁容断然拒绝，那就很可能让对方觉得我们根本就不想帮助对方，而不是帮不了。所以在拒绝别人之前，一定要耐心倾听完别人的要求。

三、说出原因，对事不对人

拒绝时要让对方感受到之所以被拒绝是因为事情，而非人品等关于“人”的因素。让他意识到你是为了他着想而拒绝的，即便拒绝了也并不影响双方的感情。比如可以这样说：“我是很想帮助你的，但是这个领域我确实不在行，如果没有干好肯定会影响你的工作，又浪费了很多的人力和物力，不如找个更适合的人选。”在拒绝别人的同时，如果你表现得歉意十足，就好像是在为做错一件事而道歉，这样一来，你拒绝的理由也就显得不甚充分了。我们都知道，在拒绝别人的场合，说“对不起”这三个字是很有诱惑力的，我们常常说“对不起”之类的话，这是因为我们拒绝别人之后会觉得很不舒服。但是，我们如果这样做就会向别人传达一个错误的意思：我们并不是帮不了忙，只是不想帮忙，所以非常抱歉。

四、拒绝要讲究技巧

当你的看法与对方的意见有出入时，可以先肯定对方的意见，然后来一个转折或假设，使对方乐意收回自己的意见，也容易接受你的看法。因为，当你在说“是”或听“是”时，心理感觉比接受“不”时轻松，乐意继续接受信息。如：“那是个好主意，但我们恰恰不具备这样的条件。”“如果那样，会不会造成这样的后果……”类似的拒绝方法在领导工作中颇为有效，既尊重对方，又达到了拒绝的目的。

1860年9月，英法联军进攻北京，咸丰皇帝仓皇逃往热河行宫。命令恭亲王奕䜣留守北京，代表清政府与洋人议和；同时湘军统帅曾国藩火速派兵进京勤王。此时的曾国藩远在安徽祁门，正指挥部队同太平军殊死作战，接到这份十万火急的谕旨，顿时左右为难。咸丰皇帝采纳大臣胜保建议，谕旨中明确交代曾国藩派鲍超领数千精兵，即日起程赴京，交由胜保全权指挥。

接到谕旨，曾国藩愁眉不展，既为国运担忧，又为是否派兵举棋不定。此时湘军与太平军激战正酣，且处于被动局面，本来自己的兵力都不够用，再抽调精锐进京更是雪上加霜，后果可想而知。更重要的是谕旨发出时，联军已经打到了北京城郊，就算是此时从千里之外调兵，远水也救不了近火，咸丰皇帝显然是吓昏了头。

实际上这道谕旨暗藏杀机。胜保出身满洲镶白旗，在和太平军作战中屡战屡败，被称为“败保”。虽然军事上没什么建树，却工于心计，善于玩弄权术，此次假借护驾之名，欲将曾国藩的爱将鲍超收入自己麾下。鲍超作战勇猛，屡立战功，曾国藩当然不肯放人。另一方面，湘军虽然骁勇善战，对付太平军还行，倘若与武器装备先进的洋人开战，则毫无胜算，与其派出去当炮灰，还不如保存实力，全力对付太平军。基于以上种种考虑，于公于私，曾国藩都绝对不能派兵北上。但是身为臣子，皇帝有难，于情于理都不能不管，而且仅仅是抗旨的罪名就足以让他满门抄斩。就在曾国藩左右为难时，幕僚帮他出了个主意。曾国藩大喜，马上给咸丰皇帝写了一封奏折，大意是说：“皇上点名要鲍超进京勤王，本来应该让他立即出发，考虑到皇上的安全事关重大，不能有丝毫闪失，而鲍超职位太低能力有限，派他去臣实在放心不下。臣与胡林翼都想亲自领兵北上，准备以死报效皇恩，但是臣与胡林翼不能同去，必须留下一人指挥湘军与太平军作战，所以请皇上在我和胡林翼之间指派一人进京。圣旨到时，即刻发兵。”

胡林翼时任湖北巡抚，也是湘军重要首领之一。表面上看，曾国藩对进京勤王万分重视，实际是缓兵之计。当时并没有现代化的通信技术，最快的交通工具就是马。公文由沿途的驿站进行传递，即便是最紧急的作战命令，也只能靠快马传递。北京到安徽祁门路途遥远，即使是最快的马，也要走十几天才能到达。

咸丰皇帝9月25日发出的上谕，曾国藩10月9日才收到，路上走了将近半个月。曾国藩接到上谕后，又慢慢“研究”了10天之后，才给皇帝发去奏折，请示派谁进京。半个月后，皇帝才能接到奏折，再把谕旨传给曾国藩，又要花半个月时间。凭以往与洋人打交道的经验，曾国藩料定，中间隔这么长一段时间，清政府早就跟洋人议和成功了，到那时进京勤王自然无从谈起。

果然不出所料，11月中旬，曾国藩接到咸丰皇帝上谕：议和成功，不必派兵北上。既向皇帝表了忠心，又不用出兵，曾国藩略施小计就做到了两全其美。拒绝有时候并不需要直接说“不可以”，拖也是一种办法。

在人际交往过程中，难免会遇到两难问题，让你不置可否，无论如何选择都可能给自己带来麻烦，因此应对这类问题时须格外小心。很多时候，因为背后肯定有人是别有用心的，因此需要特别地用心应对。比如可以回避问题，一些场合是不适宜正面回答的，不如避重就轻以迂回方式避开提问中明确性的内容，回答得似是而非，也回答了问题，应付了局面。另外还可以用一些相似的问题反击，将问题抛给对方，避实就虚，避免尴尬。

美国总统富兰克林·罗斯福在就任总统之前，曾在海军担任部长助理的要职。有一次，他的好友向他打听美国海军在加勒比海某岛建潜艇基地的计划。当时，这是不能公开的军事秘密。面对好友的提问，罗斯福应该如何应对呢？罗斯福想了想，靠近好友故作神秘地向四周看了看，压低嗓门儿问道：“你能保守秘密吗？”好友以为罗斯福准备“泄密”了，马上信誓旦旦地保证说：“当然能。”罗斯福坐正了身子笑道：“我也能！”好友这才发现自己上了罗斯福的“当”。

生活中有些人喜欢打听隐秘的事情，把这些事想方设法地去告诉别人，并以此炫耀来满足自己的虚荣心。罗斯福采用的是委婉含蓄的拒绝方式，语言轻松幽默的情趣，表现了罗斯福的高超的语言天赋和情商，在朋友面前既坚持不能泄露机密的原则立场，又没有使朋友陷入难堪，从而取得了极好的效果。

拒绝是一门学问，应该体现出个人的品德和修养，使别人在你的拒绝中，一样能感觉到你是真诚的、善意的、可信的。在拒绝的过程中，如果还想和对方保持良好关系，就要采取换位的思考、合适的语调来处理。

掌握说话的分寸

祸从口出，有时候看起来是很小的事情，如果碰触到对方的禁忌，很有可能因此结怨，而你却浑然不知，甚至可能造成无法挽回的局面。

朱元璋做了皇帝后的一天，以前和他一起共患难的朋友从乡下赶到京城来找他，其中一个人对他说："我主万岁！当年微臣随驾扫荡芦州府，打破罐州城，汤元帅在逃，拿住豆将军，红孩儿当关，多亏菜将军。"他说的话很好听，朱元璋心里当然很高兴。回想起来，也隐约记得他的说话里像是包含了一些从前的事情，所以，立刻就封他为大官。

另外一个朋友得知了这个消息，他心想："都是那时候一块儿玩的人，既然他去了封了大官，我去当然也不会倒霉的吧？"他也就去了。一见朱元璋的面，他就直通通地说："我主万岁！还记得吗？从前，我们两个都替人家看牛，有一天，我们在芦花荡里，把偷来的豆子放在瓦罐里煮着。还没等煮熟，大家就抢着吃，罐子都被打破了，撒下一地的豆子，汤都泼在泥地里。你只顾从地下满把地抓豆子吃，不小心把红草叶子也一起吃进嘴里了，叶子梗在喉咙口，苦得你哭笑不得。还是我出的主意，叫你用青菜叶子放在手上一并吞下去，这样做后红草的叶子才一起下肚了……"他说这些话，朱元璋嫌他太不会顾全体面，等不得听完就连声大叫："推出去斩了！推出去斩了！"

同样一件事情用不同的方式讲出来，可能收到截然相反的效果。因此把握好说话的分寸就成为好人缘的关键。

一、明确自己的身份

无论是谁，无论在什么场合说话，都有自己的特定身份。这种身份，也就是自己当时的"角色地位"。比如，在自己家庭里，对子女来说你是父亲或母亲，对父母来说你又成了儿子或女儿。所以不能用对小孩子说话的语气对老人或长辈说话，不仅不礼貌，而且有失"分寸"。 说话要尊重事实。事实是怎么样就怎么样，应该实事求是地反映客观实际。有些人喜欢主观臆测，信口开河，这样，往往会把事情办糟。但是，客观地反映实际，也要注意场合、对象，还有表达的方式。

二、要谨言慎行

许多人与人交谈时常常不加思考就脱口而出，却不知"说者无心，听者有意"，无意间触犯了对方，常会导致两人之间出现裂痕，这就是心理学所说的瀑布心理效应。即信息发出者的心理比较平静，但传出的信息被接受后却引起了不平静的心理，从而导致态度行为的变化等，这种心理效应现象，正像大自然中的瀑布一样，上游平平静静，而遇到了某一峡谷即会一泻千里。因此说话之前好好考虑是十分必要的，必须三思而后行。

每个人都有自己的秘密，都有不想让别人知道的事情，因此与人相处时就需要小心地避开这些，否则就会让你卷入是非之中，体现出你的人格和教养的缺失，必然影响到人际的交往。在与人交往过程中，一是要避免打探别人的隐私，二是知道了别人的隐私绝对不能到处宣扬，人云亦云。

三、要明确什么是交谈中的禁忌话题

不要询问别人的隐私，包括他人的年龄、所使用物品的价格、薪酬等；

避开有争议性的话题，例如政治、宗教、党派等敏感话题，如果不清楚对方的立场，擅自加以评论，会惹上一些麻烦；不宜唐突地询问他人的健康状况，对于初次见面或并不熟悉的人问此类问题很唐突，显得很冒失。

切勿夸夸其谈说大话。恐怕没有人喜欢说假话、空话、套话的人，其实言为心声，朴实无华的语言是真挚心灵的表达，是美好情感的展现。“其行也正，其言也质。”诚以待人，最重要的是保持质朴的本色。

不要喋喋不休地抱怨。其实每个人都有各自的烦恼，没有人愿意浪费自己的时间去做你负面情绪的垃圾桶。喋喋不休的抱怨只能引起别人的厌恶，而不是同情。

不要插嘴插舌。当别人说话正兴起时，冷不防插进来一句话坏了大家的兴致，是非常尴尬的局面。这样的人很难受到大家的欢迎。这是一种非常不懂得尊重别人的人。

不要自顾自地讲话。要让一起谈话的人都参与进来共同探讨，大家有共同的发言机会。试着去聆听对方说话，忽视浓重的乡音或词不达意的地方。对于那些比较沉默的人，可以试着问问他：“对于这件事你有什么意见？”

不要多用“我”字。和别人谈话的时候，如非必要，否则不要老以自我为中心，句句不离“我”字，应该适当关心对方和对方的亲友，多谈和对方有关的话题。

在人际交往中分寸感很重要，认清自己的位置和身份，选择恰当的措辞，不该说的绝对不能说，不该问的绝对不能问。这是交流顺畅进行的前提，讲话要尽量客观，从事实出发，不断章取义，不刻薄挖苦，不说伤害别人的话。

四、说错话立即致歉

说错话是难免的，重要的是勇于认错，所以在你发现自己的言语伤害到他人的时候，千万不要厚着脸皮不肯道歉。每个人偶尔都会说错话。可是自己一定要察觉自己说了哪些不该说的话，然后马上设法更正。留意他人的言语或其他方面的反应，借以判断是否需要道歉。如果你确实说错话了，就必须立刻道歉，勇于承认错误，不要编一大堆借口，否则只会越描越黑。立刻道歉可以及时化解矛盾，有利于关系长久地发展。

五、化解无谓的争执

我们常说“和气生财”“和为贵”，一些无谓的争执有碍正常的沟通，也影响事情的进展。但现实生活中，人们常会因为观点相左、性格差异等引发冲突。导致争执的原因，多数都是由于沟通不畅而引起的。你可能本来是想跟对方争辩个究竟，但在争执得面红耳赤，甚至以不欢而散来收场时，你会发觉这个争执其实并没有任何的实际意义。一般在争执之后，反而会激发对方的逆反心理，会更加笃定自己的观点是正确的，即便通过争执从表面上看你是说服了对方，但对方可能只是口服而心不服，反而使问题更加复杂。遇到一些意见不同的问题，有些人总喜欢与别人争论，一定要胜过别人才肯罢休。即使你在口头上胜过对方，但其实是你损害了他的尊严，对方可能从此记恨在心，说不定有一天他就会用某种方式还以颜色。

面对这种情况，与其无谓地争执不如首先承认自己的错误，反而可能会让对方感激，静下心来了解你的观点，从而更容易达成共识。先强调你跟对方的观点有相同或者相似之处，表示可以理解对方的观点，可以这样说：“我觉得你的观点很不错，不过……”“我很理解您的想法，同时我认为……”这样对方对你的想法就不会那么排斥和回避。或者可以主动承认自己的过失，不管错误是否在你，只要能主动承认自己的过失，都能照顾到对方的情绪，使其尽快稳定下来。即便是错误在对方，也不要得理不饶人，一定要照顾到对方的面子，不要在公共场合或当着别人的面直接指出他的错误，这不仅会伤害他的自尊，而且可能打击他的自信，甚至他会气急败坏地同你争论，这是最糟糕的沟通方式。

接下来表达自己的观点时，要用较为客观的态度去对待对方，尝试着从对方的立场看问题，理解对方，找出他这种观点出现的原因，这样，就可以减少一些无谓的争论。

六、有理不在声高

一个真正会说话的人，不仅要把自己的言辞修饰好，其表达方式也是经过深思熟虑的。大凡能够吸引人的讲话，通常不仅是充满了智慧而且声音足够优美且富有磁性，让人感觉舒适而熨帖。声音的质感是天生的，即使先天的条件使你无法拥有优美的声音，但你也一定要学会如何让语言抑扬顿挫。声音优美、停顿有力并不够，我们还要把握好说话时的音量。什么情况该用多大的声音说话，吐字清不清晰，这些都决定了我们的语言是否能够感染别人。

如果你天生就是嗓门儿高，那就只有尽量降低自己的音量，每个人的耳朵都有一定的承受能力，柔声细气地说话没有人不喜欢。倘若你是因为气愤而大喊大叫，对方也未必惧怕你，反而让自己失了风度，得不偿失；如果你很有礼貌地说话，反而会使对方感到惭愧。

说话时应该声音适度，语速适中。声音过大，会产生共振效果，令人听不清楚。平常生活中可以训练自己，说话时快慢适宜，表达清晰流畅。此外，声音色彩是感情色彩的外部体现，饱含感情色彩的声音很容易感染他人。

赞美时的技巧

《红楼梦》中王熙凤可谓是驾驭语言的好手。林黛玉初入府时，王熙凤一见面就拉着林黛玉的手说道：“天下真有这样标致的人物，我今儿才算见了！况且这通身的气派，竟不像老祖宗的外孙女儿，竟是个嫡亲的孙女。”

一句话逗得贾母直乐，还同时取悦了三方人士：一面夸了林黛玉的美丽标致；一面又不得罪贾母的三个亲孙女：迎春、探春和惜春；又间接地讨好了贾母。看似简单的一句话，却又一箭三雕，既自然亲切又不显得过于恭维，还让听的人个个舒心受用，实在是高超。

莎士比亚说过："我们得到的赞扬就是我们的工薪。"赞美是沟通情感、表示理解的方式，也是照亮我们内心的温暖阳光。赞美是一种博取好感和维系好感最有效的方法。喜欢被人赞美是人性的本能，建立良好的人际关系不妨多学点赞美的方法。许多人都认为赞美就是"拍马"，是阿谀奉承，实际上适度的赞美是人际关系中重要的"润滑剂"，是博取他人好感和维持感情的最有效办法，而且并没有损害任何人的切身利益，说者乐意，听者满意，又何乐而不为？

赞美不同于阿谀奉承，赞美是建立在事实基础上的发自内心的真诚表达，而阿谀一般都是夸大其词、缺乏真诚的。

把握赞美的要诀，就需要掌握赞美的度，绝不可夸大其词，只有这样，才能赢得别人的信任和好感。

一、因人而异，对症下药

选用对方真正感兴趣的事情进行赞美，最主要的是必须了解对方的兴趣、爱好、脾气和性格，抓住对方的心理，选用对方真正感兴趣的事情进行恭维，使对方感到非常合乎心意，这样，才能取得最好的效果。人的素质有高低之分，年龄有长幼之别，因人而异，有特点的赞美比一般化的赞美能收到更好的效果。赞美是具有时效性的，过了第一时间，味道就差远了。比如说，同事烫了新的头发，第二天来上班的时候，你要马上给予赞美，"呀，变样了！真好看！在哪儿烫的啊？我都快认不出你了。"同事换了新的形象，想听到的就是你的赞美之词。她们现在最在意的就是别人看她的头发是漂亮还是难看。所以你的赞美要及时，别等到同事在你眼前走来走去，你没看见；逼急了问你："你觉得我烫的头发怎么样啊？"到那时再补救，效果就打了折扣。再比如，领导升职成了经理。如果第二天早上见面，你还像往常一样问候“你好!”就不行了，至少你要说：“你好，经理！”别看没说什么话，但是这多的两个字就是最好、最特别的赞美了。

二、不要不懂装懂

如果要去赞美一个人，就不能让他感觉你是在曲意逢迎。有些人在生活中经常犯的错误就是，不论夸什么就只会说“好”，但怎么个好法却说不出一二来，让人感觉就是在不懂装懂，说不到点子上去，切不中要害，反而暴露了自己知识的短板，让人心生反感。在这样一个知识爆炸的时代，知识更新日新月异，各个专业的分工又十分精细，如果不懂装懂会闹出很多笑话。

如果想要去赞美一个专业性很强的人或事，首要的条件就是要对某一行有一定了解，这样，才会显出你的专业。运用专业术语是一种技巧。各行都有各行的行话，比如曲艺中有吹、拉、弹、唱；相声中有说、学、逗、唱；书法中有筋、骨、神、锋，这些都是某一领域中的非常专业的术语。如果在适当的场合用这些“行话”来夸奖人，你的赞美才显得有说服力。

三、尽量不露痕迹

临洞庭湖赠张丞相

孟浩然

八月湖水平，涵虚混太清。
气蒸云梦泽，波撼岳阳城。
欲济无舟楫，端居耻圣明。
坐观垂钓者，徒有羡鱼情。

仅仅从字面意思来看这首诗很简单：大意就是八月的洞庭湖秋水盛涨，和岸上几乎平接，远远望去，水天一色，洞庭湖和天空接合成了完完整整的一块。水势浩渺无边，水天迷蒙。云梦二泽水汽蒸腾白白茫茫，波涛汹涌似乎要把岳阳城撼动。我想渡水却苦于找不到船与桨，圣明时代闲居委实羞愧难容。只能观看别人辛勤临河垂钓，白白羡慕别人得鱼成功。但是如果参照这首诗写作的背景就不得不赞叹作者的高明。这首诗作于开元二十一年（733年），当时张九龄为宰相，这时45岁的作者孟浩然正游历长安，把这首诗赠给了张九龄，希望他能够引荐自己。所以这是一首干谒诗，目的是想得到当时宰相的赏识和录用，却写得十分委婉，毫无媚俗之气。

首联描写洞庭湖全景，把洞庭湖写得极开朗也极涵浑，写得雄浑壮观；颔联描写湖水声势，句式对仗工整，意境灵动飞扬，表现出大气磅礴的气势。这两句被称为描写洞庭湖的名句。用窄小的立体来反映湖的声势。颈联转入抒情。这两句采用了类比的手法，诗人自己本想渡过洞庭湖，却没有船只，要找出路却没有人接引；在这个“圣明”的太平盛世，自己不甘心闲居无事，要出来做一番事业。诗人以“无舟楫”喻指自己向往入仕从政而无人接引赏识。后一句中一个“耻”字，道出躬逢盛世却隐居无为、实在感到羞愧的心情，言下之意还是说明诗人自己非常希望被荐举出仕。“欲济”而“无舟楫”，比喻恰当，婉曲传旨。这两句是正式向张丞相表白心事，说明自己虽然是个隐士，可是并非本愿，出仕求官还是衷心向往的，不过还找不到门路而已。尾联化用典故，“卒章显志”。化用《淮南子·说林训》的古语：“临河而羡鱼，不若归而结网。”喻指诗人空有出仕从政之心，却无从实现这一愿望，这是对“颈联”的进一步深化。“垂钓者”比喻当朝执政的人，这里指张九龄，恳请他荐拔；“羡鱼情”喻从政的心愿，希望对方能竭力引荐，使诗人的愿望得以实现，活灵活现地表达了诗人既慕清高又想求仕而难以启齿的复杂心理。总之，诗人那种有志难酬、不得已而为之的难言之情“逸”于言表。

作为干谒诗，这首诗显得极有分寸，不卑不亢，毫无媚俗之态，委婉含蓄，不落俗套，艺术手法着实高超。

四、从易被人忽略处找闪光点

赞美是件好事情，但并不是一件简单的事。对于一个非常优秀的人，如果你像别人一样夸奖他能力很强的时候，可能对他来说并没有什么感觉，甚至会认为是让他厌烦的恭维。但是如果你说“你笑起来很好看”的时候，他一定会从心底里高兴。称赞一个人时，与其夸奖他那些最明显的优点，不如去关注那些不起眼，甚至可能连他自己也没发现的优点。人们对于司空见惯的事情总是不会太过热衷的，甚至会产生反感或者不屑一顾；反而是那些不起眼的闪光点，因为很少被人注意而让他感到欣喜。也许你的夸赞是对方重新认识自我的一个过程，将自己没有被人发现的潜能激发出来，同时也体现了你非凡的洞察力。“世事洞明皆学问，人情练达即文章”，确实如此。

五、体现专业和精准

术语是构成一门学问的细胞，是其基本构成要素和基本概念。对某一行要有一定的造诣，你的赞美才会令内行人接受，并视你为知己好友。内行的赞美者还表现为独具慧眼，独具慧眼的赞美者善于发现别人发现不了的优点、长处。

一位研究历史的教授必然以自己发表的论文和专著为自豪，如果你想对一位陌生历史教授尽一点赞美之意，不妨对他说：“教授先生，您的论文和专著在历史学界颇具影响力，我对您仰慕已久，今天能认识您真是太高兴了。”律师则会以自己所办影响力较大的案子而得意，碰到一名陌生的律师可以说：“做律师的人都不简单，您办的好几个案子都相当出色。”纵使是一个农民，也会为今年自己比别人多种了西瓜，又碰上西瓜行情出奇地好，而有几分成功感。你买瓜时不妨说：“老兄，你真有眼力，今年这瓜行情算是让你给瞅准了。”

美国管理专家查尔斯·施瓦布曾这样评价过自己：“我认为我所拥有的最大财富是我能够激起人们极大的热诚。要激起人们心目中最美好的东西，其方法就是去鼓励和赞美。我从来不指责任何人，我信奉激励人去工作，所以我总是急于表扬别人什么，而最恨吹毛求疵。如果我喜欢什么东西，那就是诚挚地赞扬别人。”

美国作家马克·吐温说：“一句好的赞词，能使我不吃不喝活上两个月。”他这句话的内在含义，就是指人们时常需要受人抬举和恭维。说一句简单的赞美话，实在不是一件难办的事。

“有才能的人就在于了解别人的才能。”这句俄罗斯谚语告诉我们，要成功地赞美别人，你必须具有挖掘别人的闪光点的才能，这是协调人际关系的又一重要条件。

六、学会在背后赞美

背后赞美比当面赞美更为有效，也更有诚意。直接赞美总会难免让人有阿谀奉承之感，但是从另一个人口中得知你的赞美就能够体会到你的真诚。不要担心当事人会听不到，一般情况，这些话语都能传达到本人耳中。德国的铁血宰相俾斯麦，为了拉拢一个敌视他的属员，便有计划地对别人赞扬那个部属，他知道那些人听了以后，一定会把他说的话传给那个部属。结果，属员的敌意很快变成了友好和服从。

特别是对那些有身份的人，借用第三者的口吻赞美他们，绝对效果要更好。而且借用别人之口，当事人无法拒之门外，因为这种赞美显得是那么公正，特别是不止一个人如是说，更让对方感到由衷的高兴。当我们面对困难的时候，可以运用这种方式，使对方心软，从而更好地完成交流与沟通。

幽默语言操作细节

美国总统里根上台后，打算选择国会议员戴维·斯托克曼担任联邦政府的管理与预算局局长。但是，斯托克曼是里根的政敌，此前曾在公开辩论中多次抨击里根的经济政策。为了打破僵局，里根亲自给斯托克曼打了个电话：“戴维，你在电视辩论中多次抨击我，我一直在寻找跟你算账的机会，现在机会来了，我要派你去管理与预算局工作。” 一个幽默的电话，让两个曾经的敌人化干戈为玉帛。这就是幽默的魅力所在！

东北军阀张作霖虽然草莽出身，却心思细密，机智过人，能够迅速扭转局面。有一次聚会上，有许多文人墨客，喜欢附庸风雅，张作霖正襟端坐，非常低调。席间，突然有几个外国人故意刁难，表示听说张大帅文武双全，想要请大帅即席作画。在大庭广众之下，如此情况只能“盛情”难却，于是吩咐笔墨侍候。这几个人不禁暗自窃喜，以为张作霖一定会大出洋相。只见张作霖潇洒地走到案桌前，大笔一挥写了个工工整整的“虎”字，并落款“张作霖手黑”按上朱印。“手墨”怎么成了“手黑”？面对这样的状况众人一时摸不清状况，不由得面面相觑。随从秘书忍不住提醒，连忙低语：“大帅，您写的‘墨’字下面少了‘土’，‘手墨’写成了‘手黑’。”张作霖仔细一看，不由得一愣，把“墨”写成了“黑”。这样的场合下如果当众更正，难免会尴尬，而且会被人耻笑。谁料张作霖眉梢一动，突然大声呵斥秘书：“我还不知道‘墨’字下面有个‘土’？因为这不是本国人要的东西，不能带土，这叫寸土不让！”语音刚落，立即赢得满堂喝彩。这时那几个起哄的人才领悟出意思来，讨了个没趣，只好悻悻退场。正是幽默化解了尴尬，扭转了不利的局面。

“幽默”是一个外来词，当初许多人无法理解其准确含义。林语堂先生解释说：“凡善于幽默的人，其谐趣必愈幽隐；而善于鉴赏幽默的人，其欣赏尤在于内心静默的理会，大有不可与外人道之滋味。与粗鄙的笑话不同，幽默愈幽愈默而愈妙。”俄国文学家契诃夫说：“不懂得开玩笑的人是没有希望的人！这样的人即使额高七寸、聪明绝顶，也算不上真正有智慧。”可以说幽默是人类智慧的结晶，是一种高级的情感活动和审美活动。擅长幽默的人更容易受人欢迎，幽默风趣的人比古板严肃的人更易于同朋友打成一片。

单调乏味的场合，来上一两句幽默谈笑，沉寂局面立刻被打破；双方争论激烈、剑拔弩张、僵持不下时，第三者的一两句幽默话语，即可使争执的双方哑然失笑，握手言欢；遭遇尴尬场面进退两难时，一句诙谐的自嘲，既展示了自己的风度，也给了彼此一个化干戈为玉帛的“下坡路”。而善于幽默者，也在展示个人幽默智慧的同时，展示了自己积极乐观、平等待人、与人为善的品质，往往更容易成为整场交际活动的中心。因为，说话幽默风趣不但能给周围的人增添快乐，更能借助带有深刻哲理和启迪性的语言使自己具有诱人的魅力。

但是如何恰到好处地使用幽默呢?

一、幽默要适度

只有在适当的场合适宜地幽默才能发挥作用，不然肯定会弄巧成拙。比如说，在一个很严肃而正式的场合，突然一个不合时宜的幽默，也许大家会被你逗笑，但肯定会留下不知轻重的印象，同时也会给别人带来困扰。美国总统里根在一次国会开会前，为了试试麦克风是否接通，于是对准麦克风就说道：“先生们请注意，5分钟之后，我们将对苏联进行轰炸。”语毕，全场哗然。这样一个不当的玩笑导致苏联政府严正抗议。幽默要适时表现才会产生作用。比如，当气氛沉闷时、大家昏昏欲睡时，适时幽默，整个沉闷的气氛就会开始活泼。或者刚刚有不愉快的事情发生的时候，这时你不妨幽默一下，进而转变话题，缓解尴尬气氛。至于说话牵强附会、滔滔不绝、唠唠叨叨则是有害的，所以要改正话匣子一打开就关不上的毛病。因为这样下去，多数朋友会说你很烦人，不愿意再与你交往。

二、高雅的幽默才是真正的幽默

幽默，也是有区别的，有些是文雅的，有些是带挑拨性质的，有的是高尚的，有的是低级的，低级是最容易的，不过只是“讥笑”而已。然而低级的幽默最有害处，往往一句普通的讥讽话就会使别人当场丢脸，触怒众人。所以幽默应该使它高尚、文雅才好。无论在别人的背后还是面前，都不要讥笑别人，也不要时常模仿别人的动作或腔调。即使你真的忍耐不住，也要设法竭力打消这个念头。有幽默的内容体现着说话者的文化修养，粗俗而不雅的幽默虽然也可能博得大家一笑，过后却让人感觉乏味，而格调高雅的玩笑却能给对方以启迪和精神享受，也瞬间提升了个人的魅力。

三、对不同的人要区别对待

生活中每个人生长环境不同、性格不同，因此对玩笑的承受能力也不同，对同一事物的反应也不尽相同。同一个玩笑，适用于甲却不一定适用于乙。另外，还要考虑年龄和身份的不同。一般下级是不能同上级开玩笑的，晚辈是不能同长辈开玩笑的。同级别和同辈的人之间也需要考虑对方性格和情绪的不同。一般来说，若是亲密和相互信任的人，开一些无伤大雅的玩笑，不仅不会给双方造成冲突，而且会增加双方的相互了解，拉近双方的距离。信任是嘲讽型幽默的缓冲剂，能有效减少其带来的负面影响。

四、和为贵

使自己的说话语气和方式尽量温和。许多的纠纷争端都是说话太多引起的。幽默不能以嘲讽和取笑人为目的，一个亲切温和的人才能得到大家的信任和认可。“是非只为多开口，烦恼皆因强出头。”纠纷争端都是说话太多引起的。端正心态，找对方法。幽默的修炼绝非一朝一夕之功。靠嘲讽那些某方面技能不如自己的人来博取众人的开心是不对的，强中自有强中手，你还可能遇到比你强势的人的挑衅。试想，他们也以你为嘲讽型幽默的对象时，你是否能忍受呢？不以取笑人为娱乐，微笑、大度、平和、彬彬有礼，都会让人感觉有安全感。

谈判的细节

一、谈判前的准备

（一）知彼知己，百战不殆

在谈判前首先要明确自己在谈判中所处位置，自己是否处于劣势、是否理亏，在法律上是否站得住脚。美国前国务卿基辛格说过："谈判的秘密在于知道一切，回答一切。"他对这句话的解释是，谈判的取胜秘诀在于周密的准备。周密的准备不仅要弄清问题本身的有关内容，同时，也包括知晓与之相关的种种微妙差异。为此，要事先调查谈判对手的心理状态和预期目标，以正确地判断出用何种方式才能找到双方对立中的共同点，胸有成竹地步入谈判桌，才有成功的基础。要了解：在谈判对手中，谁是真正的决策者或负责人；谈判对手的个人资讯、谈判风格和谈判经历；谈判对手在政治、经济以及人际关系方面的背景情况；谈判对手的谈判方案；谈判对手的主要商务伙伴、对头，以及他们彼此之间相互关系的演化；等等。

预计谈判中可能出现的情况，制定详细的方案，确定最高目标和最低目标，守住自己的底线。在确定谈判目标时，还要注意坚持三项原则，即实用性、合理性和合法性。设想谈判中对方会采取什么策略，并因此做出应对。不仅在大的谈判方针和原则上做充分的准备，就连小到谈判礼仪性的细节也要做充分的准备。应当注意自己的仪表、预备好谈判的场所、布置好谈判的场所、布置好谈判的座次，并且以此来显示我方对于谈判的郑重其事以及对于谈判对象的尊重。

谈判者应当熟悉程序。从纯理论来讲，谈判的过程是由“七部曲”一环扣一环，一气呵成的。它们是指探询、准备、磋商、小结、再磋商、终结以及谈判的重建七个具体的步骤。在其中的每一个谈判的具体步骤上，都有自己特殊的“起、承、转、合”，都有一系列的台前与幕后的准备工作要做，并且需要当事人具体问题具体分析，“随机应变”。因此在准备谈判时，一定要多下苦功夫，多做案头的准备工作，尤其是要精心细致地研究谈判的常规程序及其灵活的变化，以便在谈判之中，能够胸有成竹，处变不惊。在商务谈判中，使用诸如以弱为强、制造竞争、火上烧油、出奇制胜、利用时限、声东击西等策略，但是至为关键的是“活学活用”，需要不断地学习和领悟。

（二）模拟谈判

要能全面细致、滴水不漏地在脑中想象谈判过程中的每一个细节，方称得上是有效的练习。实践出真知，模拟中可以把你想陈述的内容演习模拟一下。可以先请朋友或同事扮演谈判的另一方，然后尽力来说服他。谈判时，要充分考虑双方谈判关注的利益、可供选择的谈判方案和谈判的评价标准等相关内容。演习完毕，请朋友或同事指出你刚才所作的陈述哪些有效、哪些无效，然后明确自己应该在哪些方面作出改进。反复演练后就能够心中有数。

（三）心理准备

除上述实质性准备外，尤其是缺乏经验的谈判者，对合同谈判还要有足够的信心。谈判也是一个艰苦的过程，不会一帆风顺，对此一定要有充分的心理准备，为达到自己的既定目标要有力争成功的执着信念，还要有足够的心理准备去敢于谈判。遵循“有理、有利、有节”的原则，通过解释自己的理由，说服谈判对手。当对方采用强压方式时，又要敢于拒绝，婉言提醒对方，按公平合理原则办事。用充分的信心和足够的耐心，既坚持原则又灵活处置，采取各种方式和渠道，因势利导解决谈判中的问题和矛盾，争取对自己尽可能有利的条款。

二、谈判技巧

实际上，谈判行为是一项很复杂的人类交际行为，它是伴随着谈判者的言语互动、行为互动和心理互动等多方面的、多维度的错综交往。谈判行为从某种意义上说可以看成是人类众多游戏中的一种，一种既严肃而又充满智趣的游戏行为。谈判过程中较好地掌握谈判技巧，抓住重点问题，适时地控制谈判气氛，掌握谈判局势，以达到自己的谈判目的。谈判前尽量选那些易被对方认为可以信赖的人做谈判代表，或请中间人参加谈判，谈判中根据形势，通过“休会”策略，适当更换代表。

开场白至关重要，甚至可以为整个谈判定下基调，如何说好开场白？从能与对方产生共鸣的地方讲起。如：用赞扬的话开头或用共同的经历和遭遇、共同的研究方向和专业、共同的希望和展望开头等，都能够引起对方共鸣；或者从涉及对方切身利益的话题开始；用引人入胜的故事或能够使对方发出会心笑声的话开头；也可以通过一些“内幕”消息制造悬念等。

提问时机可以在对方发言完毕时提问，在对方发言停顿、间歇时提问，在自己发言前后提问和在议程规定的辩论时间提问。提问要注意提问的速度，尽量保持问题的连贯性，提问后要给对方足够的答复时间。

在洽谈中，因为己方回答的每一句话都会被对方理解成一种承诺，所以己方要对自己的答复负责。所以答复时要保留余地，让自己获得充分的思考时间，以取得谈判的主动权；另外，要针对提问者的真实心理进行答复；如果可能，应尽可能利用各种方法找借口拖延答复。

谈判中要注意礼仪，讲礼貌，不卑不亢，以理服人，平等待人，谈吐得体，发言清楚，用词准确。抓住实质性问题，如工作范围、价格、工期、支付条件和违约责任，不轻易让步，维护我方利益，但对一些次要问题和细节问题可以让步或留下尾巴。

不能使用侮辱性语言和侮辱性举动。当对方有过激语言或出言不逊时，既要克制又要敢于严正表态，维护尊严。谈判时一定坚持双方均做记录。在每次谈判结束前，双方对达成一致意见的条款或结论进行重复确认。谈判结束后，双方确认的所有内容均应以文字方式、一般是以“会议纪要”“合同补遗”等形式作为合同附件写进合同，并以文字说明该“会议纪要”或“合同补遗”是构成合同的一部分。任何时候都不应把内部意见和分歧在谈判中暴露出来。

最后一分钟策略。这是国际谈判中常见的方法之一。如宣称：如果同意这一让步条件就签约，否则就终止谈判或用限期达成协议要挟对方。遇到僵持的情况也要冷静，不能随便抛出这种“要挟”，通常应采取回旋的办法说明理由或缓和气氛，并通过场内场外结合，动员对方相互妥协，或提出折中办法等。

三、谈判中的禁忌

不能轻易把自己的底子透露给对方。有的新手，谈判一开始就把己方的底线透露给对方，造成被动的局面。

不要中途打断别人的说话，在适当的时候表达自己的观点。善于倾听，及时抓住对方的重点。

避免一些无谓的冲突，不到最后不要过早地以退出谈判相威胁，退出谈判就意味着结束交易，需要从头开始寻找新的交易伙伴。过早地威胁，不但不能达到目的反而容易造成对方的逆反心理。在洽谈中，当己方不同意对方的意见时，切忌直接提出否定意见。最好的方法是先归纳对方的意见，然后再作探索性的提议。

倾听的艺术

曾经有个小国进贡了三个一模一样的金人，金光闪闪做工精致。可是这小国却有意刁难，同时出一道题目：这三个金人哪个最有价值？皇帝想了许多的办法，请来珠宝匠检查，称重量，看做工，都是一模一样。泱泱大国，连这点小事都不懂有失国体。最后，一位老臣说他有办法。皇帝将使者请到大殿，老臣胸有成竹地拿着三根稻草，插入第一个金人的耳朵里，这稻草从另一边耳朵出来了。第二个金人的稻草从嘴巴里直接掉出来，而第三个金人，稻草进去后掉进了肚子，什么响动也没有。老臣说：第三个金人最有价值。使者默默无语。

最有价值的人，不一定是最能说的人。善于倾听，才是成熟的人最基本的素质。

一、倾听是一门艺术

古希腊先哲苏格拉底说：上天赐人以两耳两目，但只有一口，欲使其多闻多见而少言。这话深刻地说明了“听”的重要性。人与人之间需要沟通、交流、协作、共事，许多时候会听才能会说。一个会倾听的人，不仅有良好的修养，而且有利于与他人建立良好的人际关系。

“愚者善说，智者善听。”沟通是双向的，不仅需要表达自己的思想，还应该学会积极地倾听，用倾听去了解别人。倾听的能力是一种艺术，也是一种技巧。

可是许多人在交谈中总是重“说”轻“听”，倾向于以自己的意见、观点、感情来影响别人，或担心自己不善言辞，多在谈话技巧和能力上下功夫，而忽略了听话与理解对方谈话意义的重要性。其实“听”不仅是人们接受信息汲取知识的主要渠道，而且是反馈信息的必要前提。积极地把自己投到角色中，在听的同时激发说话者的热情。比如，点点头、眨眨眼睛的动作，对于说者来说都是莫大的鼓励。如果听者不会及时地给予说者以恰当的回馈，那么纵使你听的时间再长，也不会被当作知音。

“兼听则明”，善于倾听别人的意见、议论、反映，从别人的话语中了解情况，吸收养分，从中受到启迪，开拓思路，有助于工作的进行和事业的成功。从交谈角度讲，由于人们思维的速度比说话的速度快四五倍，听者可随时利用听话的间隙将说话人的观点与自己的看法比较，回味说话人的观点和意图，了解对方的兴趣所在，预想好自己将要阐述的观点和理由，将一次交谈引向预定的目标。外国有句谚语：“用十秒钟时间讲，用十分钟时间听。”欧美学者《倾听学》的理论揭示，“倾听”的比重应占40%～45%，“说话”的比重应占20%～30%，其余的时间可以用人体语言来补充，以求相得益彰、和谐互动。

倾听并不意味着默默不语，除可以做一些小动作外，恰当的插话不仅表示了你对说话者观点的赞赏，而且还暗含对他鼓励之意。

入神的倾听本身就是一种激励，它能使我们更好地理解别人，克服彼此间的主观性，有利于改善交往关系。在入神地倾听别人谈话时，你已经把你的心呈现给对方，让他感受到你的真诚。倾听别人说话也就是我们设身处地理解他们的幸福、痛苦与欢乐的时候。入神的倾听有利于对方更好地表达自己的思想和情感，在对方体会到我们十分尊重地认真倾听时，他受到激励也同样会认真地听我们说话，达到良好的沟通效果。

二、如何才能更好地倾听

倾听不同于听。它包括用耳听，用眼观察，用嘴提问，用脑思考和用心灵感受。倾听虽然以听到声音为前提，但更重要的是我们对声音必须做出反应。倾听必须是人主动参与的过程。在这个过程中，人必须思考、接收、理解，并做出必要的反馈；同时倾听的对象不仅仅局限于声音，还包含理解别人的语言、手势和面部表情等。因此就需要神情专注，精力集中，站在对方的角度，随着谈话者情感和思路的变化而变化。眼光集中在对方的面部，尽量有点头之类的回应，包括上身略微前倾等形体动作的配合，并适当地提出若干问题询问交流，仿佛完全沉浸在谈话内容之中，以示非常重视对方的谈话，体现克己敬人的精神。这样的姿态不仅会给人留下良好而深刻的印象，赢得对方的尊重，还因为提升了对方的自信心，体现了对对方的尊重，从而有利于建立良好的人际关系。倾听是一种学习，我们可以从聆听之中获得对方很多的宝贵资讯。这种“接受对方”的应对态度，必能赢得对方的赞赏。

在别人说话时，要与对方保持适度的目光接触。不能总盯着对方的眼睛，也不能不看对方一眼。避免只听你想听的部分，注意对方的全部思想。既听对方的口头信息，也注意对方所表达的情感，避免曲解或漏掉对方所传达的信息。要用“心”体会对方谈话的内容。不要随意打断对方谈话，让人把话说完。倾听要注意观察说话人的一颦一笑、一蹙一展、眼波流转、神色变化等。从其神态、表情、姿势等语言符号的变化，尽量“听懂”这类非语言符号传递出的信息，以便了解对方的弦外之音。

在听人谈话的过程中，要以动作表情上的反馈和语言的呼应来主动“参与”交谈。当对方说得幽默时，回应的笑声会增添说话人的兴趣；当说得紧张时、悬念处，听者屏住呼吸会强化气氛；当谈到动情处、精彩处、幽默处、开心处可报以掌声。当然听者的表情反应要与谈话者的神情和语调相协调。

当对方提出意见时，不要泼他一头冷水：“这个太简单了，连白痴都想得到。”“不要做白日梦了，这不是你做得到的。”这些带刺的话会给对方难堪，我们应该多学习顺应的技巧，先赞美一下对方，再婉转地陈述自己的意见。譬如：“你这个见解不错，但执行上可能再多考虑是否会造成一些负面的影响……”如此一来，对方就比较容易接受。

一个倾听高手，绝对懂得在最适当的时机，向对方表现出赞美，这不但会令对方沉醉无比，也会让自己感到喜悦。为了表明听者对对方所谈内容的关心、理解和重视，可以适时发问，提出一两个对方擅长而自己又不熟悉的问题，请求对方更清晰地说明或解答，往往会令说者得意非凡。在交谈中，如果确实需要插话或打断对方谈话时，应先征得对方的同意，用商量的口气说一声："请等一等，让我插一句""请允许我打断一下"或"我提个问题好吗？"这样，可以转移话题又不失礼貌。

当别人认真地跟我们道谢时，就代表他对我们付出的肯定。感谢是人际关系的润滑剂，胜过千言万语。"感谢你教我这么多！""真感谢你对我的付出，我永铭肺腑！"不管大事小事，反正多说感谢是不会吃亏的。一位心理学家说过："一个人如果一天能说五十次以上的谢谢，一定会有很好的人际关系。"就这么简单的两个字，只要能真诚地说出来，说的人喜欢，听的人更高兴，懂得经常运用这简短感谢词的人，一生之中必能结交到很多的好朋友。

电话沟通技巧

电话是现代社会最常用的通信方式之一，不论是日常交往，还是业务往来，都离不开电话，电话在一定程度上大大丰富了人们的生活，也改变了人们的生活方式和沟通方式。每个人在工作岗位上，平均一天至少接或打15个电话，每次平均大约8分钟。而专门服务顾客的特殊部门，在忙碌季节，甚至一天每人可能接到100多个电话，绝大部分工作时间都在从事"电话沟通"，其重要性可想而知，而电话沟通的艺术，是每个人必须"学习"或"重新学习"的。因而，如何利用电话沟通，创造良好的组织形象，就显得尤为重要。用声音传递笑容，用声音表达友善，是电话沟通的首要任务。

一、打电话之前的准备

打电话，总是有自己的目的，是“有话要说”。如果事情比较多，打电话者事先草拟一个大纲，如果有必要可以写下来，理清思绪；也可以对较复杂的内容做好记录，有利于沟通活动的顺利进行。在提纲里，你要对在电话里需要说的问题排列出先后次序。这样一来，你打起电话来就不仅不会因为一时的疏忽而遗漏事项，而且说起话来也不会颠三倒四，前言不搭后语。在电话里，如果你能条理清晰、简明扼要地把问题阐述清楚，就会给对方留下良好的印象。在你的办公桌上，要放有电话记录用的纸和铅笔。一手拿话筒，一手拿笔，以便能随时记录。不论是谁，都不希望在清晨或半夜三更接到电话，所以，在你拨电话之前，请先想一想，是否会妨碍到他人，切勿因此造成他人的不便与困扰。

如果是事先约好了通话时间，你就应当准时致电。如果事先没有约好通话时间，你就应当在对方方便的时候打电话。具体地说，最好是在对方上班5~10钟以后，或者下班5~10分钟之前拨打。因为刚刚上班或者即将下班时，对方通常有空闲接电话。

在事先没有约定的情况下主动打电话给对方，其性质就好像没有约好时间而突然造访一样，是很冒昧和唐突的。所以，不论在什么时候打电话，你都有必要礼貌地问一句：“您现在说话方便吗？”另外，在致电时，一定要避开对方的通话高峰时段、业务繁忙时段和生理厌倦时段。除非有重要、紧急的事情，千万不要在对方的休息时间拨打业务电话，包括早上8点之前，晚上10点之后，用餐时间、午休时间、节假日等。如果你一定要在私人时间或休息时间打电话，就一定要先表示歉意，解释原因，取得对方的谅解。假使你只是一时兴起，想打个电话给某人，而没有考虑到他人，或许对方会因心中不悦而让你挨钉子碰，这样做既使对方困扰又让自己没面子。每个人的生活都很忙碌，我们应该顾虑到他人的作息时间。

二、接通后

接好电话是口头沟通中最重要的一个方面。电话这种媒介对人们的要求不同于面对面的沟通，你的声音和礼仪有可能会给潜在的沟通对象留下他们对你的第一甚至唯一的印象。因此，以专业的水平去接电话就显得特别重要，无论在什么情况下都要表现出礼貌、愿意帮助别人以及体现高效率。

由于电话沟通的特殊性，电话刚接通时，对方很有可能不知道你的身份，你也可能不知道接听者的身份，这时就需要加以确定。对于不熟悉的电话，接通后，首先道出自己的身份以及自己所属的组织的名称，这样做不仅有利于通话的顺利进行，更是对对方的一种尊重和礼貌。同时，要明确对方是否是你要找的单位和个人。称呼对方的名字，以便让对方了解到你知道其名字，缩小距离感。对于比较熟悉或常用的电话，如果听清楚是你熟悉的声音，可以热情地打招呼。

利用电话作为沟通的工具，必须有礼貌、要尊重对方，注意使用礼貌语言。口气也要礼貌，说话的声调要温和、热情、愉快，让声音传递出与直接见面同样的生机与活力。在脑海中将对方的形象勾画出来，保持微笑，因为虽然看不见，但是微笑能够影响语言，让你的声音更加亲切和动听。

一般打电话都以3分钟作为一个计时单位，既可以让人从容地谈完事情，又不至于让双方感到厌倦。所以使用电话时一定要长话短说。对于通话的内容一定要说清楚、听清楚，对方谈及的时间、地点、数字及主要内容最好能记录下来，并向对方重复一遍，以核实准确无误，否则可能贻误时机或弄错问题、办错事情，造成双方的误解。在打电话时不要让对方在电话机前久等，这会给对方留下不好的印象。如果帮对方找人或查找某个资料，你应每隔20秒左右招呼一下对方，使对方不感到被遗忘。

在电话结束时，还应当简明地重复一下要点，以核实自己的理解是否正确。这些打电话的最基本技巧在实践中很容易被人们忽视。一旦电话结束，如果你发现没听清楚对方讲的某一点，或搞不清自己笔记中某点的意思而要再打回电话询问时，将显得很难堪。同样，如果你只记下了对方的姓名，却忘了单位名称或电话号码，那么，你在上司面前就会显得非常没有效率。

三、接听电话

礼貌的接听方式能够使人对你及你的公司留下好的印象。当电话铃声响两次后接听，立即表明自己的身份。在接听给自己或别人的电话时，要告之自己的姓名、所在机构名称，如果可能，就再加上一句问候。例如："你好，我是X X，我能为你做点什么？"让自己说得慢而清晰。因为，打电话的人可能并不熟悉你所讲的内容，也听不清你含糊的发音。

要表现出关心和帮助的态度。不要说"我不知道"，而要试着说"这很困难，让我们看一下我们能做什么"。避免在一个句子的开头说"不"，这样特别容易刺伤别人的自尊心，因为它意味着完全的拒绝，使人不愉快。

在接听他人的电话时要保持警觉。保持礼貌和帮助他人的态度，但是不要说出任何需要保密的信息。最好说"她不在这里"或者"她现在不在公司"，而不要向对方具体说出自己的同事所去的地方。

仔细地记录下信息。没有什么比接到一个可能非常重要而又不清楚的信息更让人感觉沮丧了。记下姓名的拼音，核对一下电话号码，清楚地记录下信息的内容，并写下相应的时间和日期。承诺将信息传达给对方想要传达的对象，但是并不保证会给予回电。

在接转电话时解释一下自己正在做的工作。在接转电话时解释一下自己的理由，并确认一下转接的分机号码，以防止打电话的人无法进行联系。

四、电话中的非语言沟通技巧

电话沟通进行的过程中，清楚、富有逻辑性的语言、用词，固然是最重要的表达工具和方法，然而，成功的电话沟通，非语言的因素——包括声音大小、声调高低、抑扬顿挫、声音速度，都是影响电话沟通品质的重要元素。一般人往往忽略了这些重点，只因对方看不见，然而，眼虽不见，"觉察的心"却是无所不在的。或许您使用的是肯定、正面的话语，然而，当接收信息者轻易地由您的语气语调中，捕捉到不确定或反面的信息时，您的语言沟通，也就不具任何意义了。

因而，打电话者须有良好的心理准备。心绪不佳时是不适合打电话的，因为声音是可以传达情绪的，若是被对方听出来会导致不快，所以，慎选时间，必要时，让自己深呼吸，平息15分钟再拨号。若是时间急迫不允许，最起码等5分钟，这是最少的极限。

五、挂断电话的技巧

通常情况下，应等待对方先挂断电话然后再挂断，这样虽可能浪费一些时间，但却万无一失。如果事情紧急或者赶时间，应用手指轻轻按断通话键，这样可以降低话筒放回主机可能产生的声音，切勿用手掌拍断电话或者将听筒重重地放置按断电话，以免引起对方误会。

细节决定一切　第四章

演讲的细节

与平时生活中的交流不同，演讲是一种在特殊场合、带有表演性质的交流，而且是在工作岗位上一项极为可贵的技能，甚至是不可或缺的技能。即使你很有才干，工作十分出色，但是如果你的演讲不够吸引人，将会成为你升迁之路上的一大障碍。这样的技能不能只是纸上谈兵，需要不断地训练和实践，才能真正掌握技巧，运用自如。

不同于普通的交谈，演讲是在大庭广众之下讲话，因此不但需要在语言方面下功夫，一些非语言技巧也不可或缺。演讲中的怯场有时不可避免，但这并非坏事，适度的紧张反而会让演讲效果更佳；讲稿是演讲的基础，直接影响最终演讲的好坏，因此必须掌握好凤头、猪肚和豹尾这个诀窍；充分的准备才能万无一失；最好的演讲是脱稿的，而每一位演讲大师的成功都离不开勤学苦练；演讲不仅需要用有声的语言进行交流，无声语言的运用更是点睛之笔；最大限度发挥声音的魅力更是王道；经典的演讲案例更是模仿的范本。

演讲的心理准备：怯场并非坏事

肯尼迪说：“丘吉尔动员了英语语言并将它投入了战斗。”在英国那沉郁的1940年，丘吉尔通过他的演讲劝服了富兰克林·罗斯福向英国提供援助，也阻止了希特勒实施海上侵略，捍卫了国家的自由。而这一切都归功于他的演讲产生的巨大威力。演讲是一种演讲者与听众的传播和交流活动，因此，演讲者与现实生活之间的认识环节，演讲者与演讲词之间的表达环节，听众与演讲词之间的再认识环节，其中演讲者、演讲词、听众被称为演讲三要素，处理好这三者之间的关系，就能够赢得一场精彩的演讲。

没有人是天生的演讲家，所有在众目睽睽之下挥洒自如的演讲难免都会紧张。连美国著名的演讲学家戴尔·卡耐基都说：“我一生都在致力于协助人们去除恐惧、培养勇气和信心。”所以怯场是不可避免的。心理学研究证明：人们的紧张水平与活动效率呈倒“U”字曲线关系。这就是说，过低或过高的紧张水平都不利于活动，只有在适度的紧张状态下，才会有好的效率。适度的紧张是人们活动的激励因素。我们经常采用考试、评比、检查、竞赛等手段促进活动，其目的也在于促使人们产生紧张感，产生“活化效应”。适度的紧张会促使人体内肾上腺激素的大量分泌，而又不至于形成分泌紊乱。增加肾上腺激素的分泌，不仅能增加体力，也能大大促进人们的思维活动、注意能力、记忆能力等。“急中生智”与“急中生力”就是例证。适度的紧张也能激励人们认真地、审慎地对待活动，而不至于盲目自信、草率从事。但是，正是紧张产生的肾上腺素有利于你保持适度的热情而避免整场演讲的沉闷和死气沉沉。因此，不必因为怯场而烦恼，只要保持克制，反而可以让你的演讲激情昂扬。

怯场一般表现为呼吸急促、血压升高、心跳加快并伴有肌肉紧张、四肢发颤，演讲节奏失控，重音、停顿等尽失，语言平淡无奇等。出现怯场的原因很多，如准备不够充分，担心自己讲不好；场合比较隆重，气氛比较严肃；听众多、求胜心切；面对的是陌生的环境，有恐惧情绪等。

在生活中，个性热情开朗、活泼大方、积极向上的人，更容易在口语表达活动中展现出自己的才华，因为他们比较自信，也善于鼓励自己，同时能正确面对自己的失误，会化解尴尬。但是在与人交往的社会活动中，由于环境、地点、对象的频繁变化，有些时候即使很自信很优秀的人，也会产生生疏、紧张、胆怯等现象，以致在公众场合无法清晰地思考，甚至把原本早已想好要说的话都忘得一干二净。为什么会出现如此不尽如人意的现象呢？追溯原因，除了临场经验不足外，大多是怯场、紧张、自卑等不良心理因素造成的。因此，培养健康良好的心理素质，克服在公众场合表达的怯场、紧张、自卑心理是有效提高口语表达能力的基本途径。

一、心理调节

为了保持演讲时的最佳状态和心境，缓解紧张的情绪，可以在演讲之前适当地放松。暂时放下演讲词，去听听音乐，读一些让人身心愉悦的书籍，跟朋友开开玩笑，讲个幽默的小笑话等都有帮助。或者闭目养神，冥想一个静谧的幽静场所，感受舒适的环境，这种方式不仅可以用于演讲中，其实，其他的比赛、演出甚至考试都适用。做深呼吸，可以供给你充分的氧气，帮助你在演讲中更好地控制自己的声音。这里所讲的“呼吸”当然指的是腹呼吸而不是肺呼吸。歌唱家和演员们都知道腹呼吸在控制声音方面的重要性。另外，做肌力均衡运动，肌力均衡运动是指有意识地让身体某一部分肌肉有规律地紧张和放松。比如你可以先握紧拳头，然后松开；你也可以固定脚掌，压腿，然后放松。做肌力均衡运动的目的在于让你某部分肌肉紧张一段时间，然后你便不仅能更好地放松那部分肌肉，而且能更好地放松整个身心。

二、用激励性的语言暗示自己

一种是自我的语言暗示，可以对自己说："我对演讲内容很熟悉我没有必要紧张。""我准备得很充分，我一定能行。""我的演讲题材非常有价值，听众一定会喜欢。""我非常熟悉我的演讲内容，我准备得非常充分，我一定会成功。"等等。另一种是用手势来暗示自己：双手握拳对自己说加油！或者对自己翘大拇指，做胜利的手势等。只要充满自信地期待，只要真的相信事情会顺利进行，事情一定会顺利进行，成功的人都会培养出充满自信的态度，相信好的事情是一定会发生的；相反地，如果你相信事情不断地受到阻力，这些阻力就会产生，这就是心理学上所说的皮格马利翁效应。心理暗示的力量是巨大的。在演讲中，要善于发挥暗示的力量，一定要给自己积极的暗示。英国作家萨克雷说："生活是一面镜子，你对它笑，它就对你笑，你对它哭，它就对你哭。"太阳每天都是新的，当早晨的第一缕阳光亲吻你的脸颊，你对自己说的第一句话应该是："今天我是最棒的，我是最优秀的……"说完之后，你会感到自己信心倍增、无所畏惧、心情舒畅，浑身有使不完的劲儿。

演讲者首先要对自己的演讲题材和演讲效果充满自信，要在精神上鼓励自己去争取成功。因此不要想着万一我会失败怎么办，要多给自己积极的心理暗示。即便不够自信也要装出自信的样子，告诉自己我已经准备好了，保持泰然自若，怯场也不要让别人看出来，然后得体地微笑。

三、排除杂念

演讲之前为了保持良好的心态，避免与人争执，不要去想不愉快的事情，不去看让自己心烦意乱的书信、报纸。有些人怯场乃是精神负担过重引起的。登上讲台前必须心无杂念，不要去想前面演讲者的效果如何，自己的演讲会不会冷场；不要去想听众地位的高低，听众会不会喝倒彩。你所要考虑的是演讲内容在你大脑中清晰的思路。你可以把台下的听众当作一群老朋友或看成一排排不会说话的椅子，而你的演讲则是一次难得的锻炼自己口语表达能力的机会，正所谓“目中无人，心中有人”。

四、演讲时要忘我地投入

1904年，16岁的卡耐基高中毕业后，就读于美国密苏里州华伦斯堡州立师范学校。那时候，要想成为学校里具有特殊影响和名望的人，必须是棒球球员，或者是辩论和演讲获胜的人。因为知道自己没有运动员的才华，为了出人头地，卡耐基选择参加演讲比赛。没料想，他一连参加了12次比赛，却接连失利了12次。30年后，卡耐基谈及第一次糟糕的演讲时，还用半开玩笑的口吻说：“是的，虽然我没有找到旧猎枪和与之相类似的致命东西，但当时我的确想到过自杀……我那时才认识到自己是很差劲的……”

卡耐基并没有选择自杀，而是发奋振作，决心重新挑战自我。1906年的一个上午，他准备参加第13次比赛。赛前，他去向一名教授请教如何演讲成功。教授只赠给他一句话：猫捉老鼠的时候，它的全部精神都集中在老鼠身上，它可没有多余的精力去注意自己。卡耐基如获至宝，在心中反复咀嚼着教授的这句话。终于，他悟出了一个道理——要“忘我”地去演讲。卡耐基又一次满怀信心地走上演讲台，全身心投入到了演讲中。当台下响起雷鸣般的掌声时，他才意识到演讲结束了。他以“童年的记忆”为题的演讲，获得了此次比赛的最高奖——勒伯第青年演说家奖。这是他第一次成功的尝试，这份讲稿至今还收存在华伦斯堡州立师范学院的校志里。

这次获胜，对他的一生产生了非同小可的影响。他在后来回忆时不无自豪地说：“我虽然经历了12次失败，但最后终于赢得了演讲比赛的胜利。更为激励我的是，我训练出来的男学生赢了公众演讲赛，女学生也获得了朗诵比赛的冠军。从那一天起，我就知道我该走怎样的路了……”

从此，他成了全学院的风云人物，在各种场合的演讲比赛中大出风头。后来他把才华发挥得越来越出色，终于成为闻名全世界的演讲家。

卡耐基演讲的经历，启示我们在演讲台上，一定要有忘我的精神，全身心地投入到演讲中去。可以说，“忘我”是卡耐基从失败走向成功的一条重要捷径。

以上几种方法可以在实践中交替使用或多管齐下，毕竟有些方法因人而异，因此就需要在现实中不断实验找到最适合自己的。

演讲稿有哪些细节要点？

首先要结构合理、条理清晰、主题明确，凤头、猪肚、豹尾同样适用于演讲稿。听众的注意力是有限的，干脆利落的演讲远比那种想让人打呵欠的沉闷氛围强得多。

演讲稿又称演讲词，是演讲内容的主要依据，它的好坏将直接影响到演讲的成败。并非所有的演讲都必须有演讲稿，例如即兴演讲就不需要。精心准备演讲稿是演讲成功的保障。

一方面，编写演讲稿的过程是演讲者自我梳理思路的过程。经过深入而周密的思考，包括主题的选择、材料的运用、行文的结构以及如何使用语言技巧等都是经过深思熟虑的。只有经过精心的思考，正式登场时才更有底气。

另一方面演讲稿还可控制演讲的时间。许多演讲都有时间的限制，初学者不易把握节奏，如果事先准备了演讲稿就能事先测试自己演讲的时间，然后依据要求随时对演讲稿进行增删。

一、演讲稿的特点

演讲时是在进行面对面的交流，因此演讲稿也必须使用口语化的语言——一种可以切合自己思想观点的标准化的口语。可以说，演讲语言是一种最高级、最完善和最有审美价值的口语。

（一）准确简洁

演讲虽然是一种口语表达形式，但它绝对不是日常生活中的口语对话，它要求使用规范化的、准确简洁的语言。准确，就是要能够清晰地表达主旨思想，揭示事物的本质和联系。因此准备演讲稿时要确保准确，不适用概念模糊、模棱两可的语句。

美国前总统尼克松在回忆录中曾这样描写丘吉尔："第二次世界大战时，我在太平洋上就曾被他的演讲深深感动过。他的演讲对我感动之深，甚至超过了罗斯福总统的演讲。"丘吉尔就是准确用词的典范，这也是他演讲成功的重要因素之一。他在1951年提出的"首脑会议"就是他演讲中使用的并且成为了第二天报纸的标题。"照常营业"这一口号正是丘吉尔发明的，当时他任第一次世界大战期间的陆军部长。

（二）生动形象的语言

既然是交流，就不可颐指气使，而需要的是平易近人，生动形象。

形象生动的语言可以把抽象而深奥的理论具体化，变得浅显易懂；可以形成鲜明的印象来感染和打动听众。只有使用形象生动的语言，才能使演讲产生强大的说服力，才能更好地表达自己的观点，激发起听众的热情。

善用语言的修辞手法，如比喻、排比、设问和反问、反语、引用、感叹等；使用多变的句式，例如长句与短句、口语句与文言句、整句和散句等配合使用。

二、凤头：开场白的设计细节

好的开始是成功的一半，一个好的开场白足以吸引听众的注意力。在演讲者进入角色的最初2~5分钟，是听众思想集中度、思维敏捷度和规范语言度水平最高的时期，你可以用很多种不同的方式来开始你的演讲，不管你选择什么方法，你都要以抓住听众的注意力为首要任务。

不管你选用了什么做你的开场白，抓住听众的眼睛和耳朵，吸引他们的注意力；直击要害，不拖泥带水；努力使听众对演讲者产生信任感。

开场白随题材、听众和场景的不同而改变，可以是出人意料的小笑话，对自我的调侃，或者名人名言也可以，从演讲现场找话题、从听众身上找话题也是一个不错的选择。但切忌涉及敏感的政治、宗教以及性话题，否则会惹来大麻烦。

如果涉及关键术语和知识背景时听众对此知之甚少，就需要加以解释，否则接下去的内容会让听众一头雾水。另外，需要把演讲的主要内容和结构加以概述。开场白贵在简短切题，迅速把听众引入论题，以便展开主旨。因此最忌讳的就是不为听众着想，一开始就是一大堆废话，这种无聊的开场白应避免。

韩复榘是20世纪30年代我国山东大军阀，此人不学无术，却喜欢附庸风雅、卖弄才气，到处演讲，因此闹了不少笑话。有一次，他到一所大学演讲，开头一段如下：

诸位、各位、在齐位：今天是什么天气，今天就是演讲的天气。来宾十分茂盛，敝人也实在感冒。今天来的人不少咧，看样子大体有8/5啦，来到的不说，没来的把手举起来！很好，都来了！

今天兄弟召集大家来训一训，兄弟有说得不对的，大家应该相互原谅。你们是文化人，都是大学生、中学生、留洋生。你们这些乌合之众是科学科的，化学化的，都懂得七八国英文，兄弟我是大老粗，连中国的英文都不懂。你们大家都是笔杆子里爬出来的，我是炮筒子里钻出来的。今天来这里讲话，真使我蓬荜生辉，感恩戴德。其实，我没有资格给你们讲话，讲起来嘛，就像对牛弹琴，也可以说是鹤立鸡群了。

今天，不准备多讲，先讲三个纲目。蒋委员长的新生活运动，兄弟我举双手赞成。就一条，行人靠右走，着实不妥。大家想想，行人都靠右走，那左边留给谁呢？还有件事，兄弟我想不通。外国人在北京东郊民巷都建立了大使馆，就缺我们中国的。我们中国为什么不在那儿建个大使馆呢？说来说去，中国人真是太软弱了。第三个纲目，学生篮球赛，肯定是总务长贪污了。那学校为什么会那么穷酸？十来个人穿着裤衩抢一个球，像什么样？多不雅观。明天到我公馆领笔钱，多买几个球，一人发一个，省得再你争我抢的。

今天这里没有外人，也没有坏人，所以我想告诉大家三个机密：第一个机密暂时不能告诉大家，第二个机密的内容跟第一个机密一个样，第三个机密前面两点已经讲了，今天的演讲就到这里，谢谢诸位。

三、猪肚：肚子里要有货

核心观点以3~5个为宜，过多会有冗长之感，为使观点丰满可以用相关材料来例证，如一些权威的数据、表格，也可以是生动形象的故事等。

需要紧扣主题，无论你的演讲如何的精彩，如果离题万里、没有一个核心的主旨也只是一盘散沙。因此必须抓住主干，理清脉络，分清主次。

演讲并不是书写，要显得条例分明就需要在技术上加以处理。如使用“第一”“第二”或者是一些关联词，或者使用排比句、设问句、过渡句等将不同层次衔接起来。此外演讲最好有节奏，有高低起伏。

演讲中，还可以借用一些修辞手法，如：重复。重复不仅可以起到强调的作用，而且加强语气、升华情感，从而增强语言的表现力。排比也可以把意思表达得更鲜明和深刻，而且排比节奏感很强，听上去很有气势，演讲者的情感也表达得更加饱满和感人。反问就更加有感染力和说服力，在鼓动性和辩论性上也十分突出。如果使用得恰当，那么重复之后会出现一个小高潮。

四、豹尾：简短有力

“头难起，尾难落。”一个有力的结尾绝对可以形成余音绕梁的效果，甚至可以弥补开头和主体部分的不足。和开头一样，结尾也是最能显示演讲艺术的重要环节。结尾是一场演说中最具战略性的一点。看一个演说者，是无经验，还是显得老练；是敏捷，还是笨拙，往往只看其演讲开始和结束就可判断清楚。因此，在结尾时千万不要潦草敷衍，准备悄悄溜走。演讲结束语最常用的方式，就是用极其精练的语言，总结收拢全篇的主要内容，概括和强化主题思想。当然非常简短的演讲，可以不用考虑。这不仅能帮助健忘的听众回忆前面所讲的内容，而且也能画龙点睛，给听众留下完整而深刻的印象，使整个演讲显得结构严谨、首尾呼应、通篇浑然一体。因此，演讲结尾时忌讳画蛇添足，说些与主题无关的话。

演讲的结尾可以有以下几种：

（一）卒章显志

总结全篇，突出重点，深化主题。一方面回忆了前面所讲的内容，同时也能画龙点睛，给听众留下完整而深刻的印象。苏格拉底与费得罗斯有这样一段对话：苏格拉底："对于演讲的结尾，大家的意见是一致的。就是说总结性地将所讲过的内容再重复一遍，将同样的内容，用不同的话再讲一遍。"费得罗斯："你的意思是说，演讲者在结束时将所讲过的东西简明扼要地再叙述一遍，以此使得听众记住演讲者的话，对吗？"苏格拉底："这正是我的意思。"苏格拉底的话是对的。但结尾不只为了重复，而应是演讲内容的高度浓缩，应是演讲主题的发挥和升华。要在一个短暂的时间内，用尽量少的话语，使听众认识产生一个飞跃。

（二）热情洋溢，鼓起激情

一个充满激情的演讲者，总是试图让听众的情绪激动起伏，而讲到结尾时，更注重以巨大的情感力量，把听众的情绪推到最高的浪峰上，使他们兴奋起来，跃跃欲试。这样，听众不仅能树立坚定的信念，而且也有为这信念而奋斗的极大热情。这才是具有鼓动力、战斗力的出色的结尾。

（三）促人深思，余味悠长

有的演讲的结尾讲究内容的含蓄、深沉，使人觉得余味无穷。要言有尽而意无穷，使听众在对演讲内容的反复回味中受到教育，又从这婉转、美妙的结尾方式中得到美的享受。

听众提问及应急状况处理细节

演讲中有时难免会出现一些紧急状况，为避免措手不及就需要准备几个观众可能会提出的问题，以备不时之需。

一般提问有以下几种类型：要求补充刚刚演讲中未深入展开或解释不全的话题；要求演讲者再次解释说明演讲中提过的观点；要求演讲者提供更多的证据证明演讲中某一观点的正确性；要求演讲者针对其个人或社会问题提供解答。

一、如果出现棘手的状况应如何处理？

虽然演讲者准备充分，仍不免被问倒或因问题过于棘手而难以回答，那么有些秘诀就应该掌握，以下分为不知道的问题与棘手的难题来说明。

如果对所提出的问题不清楚，诚实乃为上策，知之为知之、不知为不知，无须逞强，否则信口胡诌，当听众深入问之，就等着大出洋相。不过，坦言不知道，实有损形象，因此可以换句话说来缓和尴尬，全身而退。解释原因，例如这不是我专业的领域，我可以推荐你某一位教授更为清楚；承诺回复，假借忘记确切的内容，等一下确认后再回复，当然也要信守承诺，尽快回复；赞美听众，例如听众问了一个很有深度的问题，却是一个鸡生蛋、蛋生鸡的问题，一个爱因斯坦也难以回答的问题，以四两拨千斤的方式带过难题；谈论已知，将答案拉回自己熟知的领域，以间接的方式回答，或改谈自己的观点。

避实就虚。在1963年一次记者招待会上，外国记者追问中国用什么神秘武器打下U-2飞机？陈毅答："我们是用竹竿捅下来的。"面对故意刁难不需要正面回答问题，可以谈一下似是而非的话题巧妙应对。另外，回答前最好把问题再重复一遍。

二、演讲时忘词怎么办？

演讲尤其是初学者演讲中时常出现忘词现象。忘词会破坏演讲的整体形象，影响表达效果，如果应变能力差的话，其造成的后果更不堪设想。一般说来，忘词是由于紧张和遗忘造成的。这时千万不要让自己忘词太久，保持镇定，集中精力回忆忘记的词语，如果实在想不起来就换一种表达方式或直接跳过去，继续下面的内容。为避免忘词现象发生，演讲时心理必须放松，要反复熟悉演讲内容，做到熟能生巧。万一忘词了怎么办？一般来说可以采取以下几种方法来弥补：

（一）重复，就是把上一句讲过的话再重复一遍。当然，这里强调的重复不应是简单的重复，而是强调式的重复，受众不易发觉。这样，在重复中赢得宝贵时间，放松紧张心理，往往会想起下面的内容。

（二）总结，到忘词这儿为止，可以对前边所讲的内容作一个小结。可以说在一次演讲中的任何一个地方总结一下前面讲过的东西绝不是不可以的。通过总结，既可以理清强调前面的内容，又容易启开下面的思路。但切忌一点，不能原封不动地重讲一遍。

（三）跳过忘掉的部分。你要讲什么，受众原本是不知道的，所以，当你忘了下面的内容时，可以跳过去，讲下一段。这就要求在准备演讲时重点记清段落，即把每一段的开头语以及主要内容牢记住。

（四）插进新材料，忘词时，可以即兴地讲一些新材料、新内容，或是对上述的补充，或是为引出下文。这样做，一般说来受众不会轻易察觉。

掌握、运用好以上四种方法除了要有丰富的知识外，关键的是要有镇静自如的情绪和自我控制的良好心理素质。

三、如果出现失误，说错话、念错词怎么办？

千万不能紧张，最好不着痕迹地改过来，万一被听众发现就将错就错地改过来，但是一定要改得自然。

四、上台跌倒怎么办?

这就需要随机应变的能力，赶快站起身来，毫不紧张，面带微笑，对台下观众说：“观众们，今晚你们真是太热情了，你们的热情禁不住都让我倾倒了，谢谢大家。” 或者站起来面带微笑对观众说：“风险真是无处不在。人就是在跌跌撞撞中，在走错路中成长的。正如我们的朋友所说，即使是千百次的倒下，站起来依然是充满豪情的我。”

五、演讲时冷场怎么办?

出现冷场很有可能是因为听众对你的话题不感兴趣，这时听众就会注意力分散，表现为东张西望、打瞌睡、玩手机游戏甚至窃窃私语。暂时转换话题穿插几句诙谐的笑话，或者简短地讲个小故事、一些逸闻趣事等来吸引听众的注意力，当你达到目的以后，再回到原来的话题继续讲话。另外也可以通过加强语气的办法，提高自己的声音，提醒听众以下的内容是重点，希望他们能够集中精力认真听讲。一般情况下，讲话过程漫长，就会使讲话者的语气开始低缓，不如刚开始那么有力，而听众在这种软绵绵的声音中自然是提不起任何精神来了。此外，还可以让听众积极参与到演讲中来，造成演讲冷场的原因之一就是演讲者单调地陈述问题，而听众只能被动地接受信息。应该从调动听众的积极性入手化解这种尴尬局面。比如，我们可以向听众提出富有针对性和启发性的问题，可以调动听众参与演讲活动的热情，使他们意识到，自己也是整个演讲的一个重要组成部分，这样，会有效地避免冷场和打破冷场。

六、在演讲正式开始之前，需要注意哪些细节?

（一）精神是否饱满。一脸倦容的演讲者是没有吸引力的，因此饱满的精神才能体现昂扬的斗志和自信。卡耐基曾总结自己演讲的经验说：如果你希望把自己的特点发挥到最高点，必须先获得充分的休息。如果你必须在下午发表一项重要的演说，你就应该吃一顿轻便的午餐，如果可能的话，还可以小睡一番，恢复精神。

（二）衣着是否得体。演讲者的外在形象直接影响观众的视觉，优雅的外表可以给观众留下美好的印象。服装一向是展示自己形象最重要的部分，因此随着演讲主题和对象的不同，衣着也应有所不同。但一个原则就是：你要让别人看起来值得相信，整洁、得体、大方即可。有没有穿着破洞的丝袜？或者领带歪了，耳环只戴了一只？拉链没拉好更是要不得。演讲者上台时才发现自己衣服扣子扣错了，或拉链没拉好，或帽子戴歪了等，遇到这种情形，大多数的演讲者都会感到尴尬。比较笨拙的化解方法是演讲者可以跟听众笑成一块，并在笑声中恢复常态；高明的化解方法是演讲者能够借事发挥，说几句巧妙的开场白。

脱稿演讲更显魅力

演讲是一种演讲者与听众的交流和沟通，让听众得到参与感很重要，因此最好是面对面地交谈，而不是照本宣科地念稿子。那么是否将稿子背下来就可以了？当然，如果记忆力足够好的话当然没问题，可是有时候难免会有意外发生：比如突然忘词，思路中断，大脑一片空白，这种情况是最尴尬的事情了。而且机械的背诵是一种单调的“背书”，这样的演讲情感性和鼓舞性肯定会大打折扣。试想有哪位听众会对一个面无表情的机械背诵听得津津有味呢？

列宁演讲通常都是脱稿演讲，有时只在手上拿着一张记着他演讲提纲的小纸片。他带着这张小纸片走上讲台，可是真正登上演讲台后，这张小纸片就被他弃之不顾。但是有一点可以肯定，他那滔滔不绝的雄辩气势绝非即兴之作，肯定事先经过深思熟虑。所有的演讲要点他都先考虑妥当，有备无患。列宁在演讲中所显示出来的非凡的记忆力、丰富的知识、卓越的论辩才能、敏锐的洞察力以及惊人的表达能力，着实令人叹服。

推荐大家就像列宁一样可以做个大纲卡片，将演讲内容按照主题、论点、事例和数据等整理成条理清晰的卡片，每张卡片注明页码和标题以保证查找时可以迅速而准确地找到，尽量保证简明扼要，文字过多不便于实际演讲时操作，过于啰唆的笔记会使演讲者想要照本宣科。同时制作小卡片的过程也是对演讲内容反复记忆和加强理解的过程。准备工作做得充分，现场演讲时才不会手忙脚乱。如果你使用幻灯片或者投影仪，在每张幻灯片上只需要列举出你需要演讲的重点内容即可。笔记不应是个字迹潦草、辨认不清的草稿。笔记上的字迹最好是整洁并且在一定距离上也能看清的大小。如果能使用文字处理器将笔记以方便阅读的字体打印出来，那就更好了。大部分听众并不反感在演讲时使用笔记，但手中纸张摩擦的声音可能会是一个干扰；此外，在讲台上翻阅纸张也会影响听众。一些演讲者为了避免这些问题，就把给观众提供的大纲也作为自己演讲笔记的大纲。

一般说来，使用视听辅助器具的优点有：帮助听众了解事物的形状，一张图胜过千言万语；将复杂的关系变得清晰、一目了然，把复杂的组织结构，直接明了地展现出来；把抽象的概念化为形象的图案；有时作为演讲者所提观点的例证，使演讲更有说服力和可信度；提高听众兴趣，让演讲更生动活泼；方便听众做笔记或者记忆，及时跟上演讲者的进度。另外，如实物道具、模型、地图、图表、照片、录像带、电影片、录音数据、讲义等，都可以有效帮助听众进入状态，便于他们理解。

一些应该注意的问题：影视辅助器材的使用要避免过多而喧宾夺主，过于分散听众的注意力。而且要确保演讲者能够熟练使用设备，并做好演讲时设备无法打开的应急方案。万一容易出状况，例如投影机突然不亮，计算机或是麦克风突然没电，或是播放影片的喇叭突然没声音等，这些都应该在演讲前确认，以免现场措手不及，如果由主办单位准备辅助器材，也宜叮嘱主办单位办妥。另外，如备份多个课件，自带电脑等以防万一。在练习时也不能漏掉这一环节，以便控制演讲的节奏。

记忆的方法如下：

一、图像记忆

按照演讲内容的排列顺序，抓住其形象特征进行形象化的记忆方法，又称图画法，即用图画启发记忆。借助形象记忆在心理学上是一种富有成效的记忆，它常用于叙事性、抒情性演讲，有时也可以把演讲中枯燥的数字、抽象的概念用形象的东西替代，以达到记住、记牢的目的。画图记忆是记忆讲稿的一种最简捷的方法。图画是具体而形象化的作品，也是最便于记忆的，尤其是对于自己画的图画。你可以把每次演讲稿的内容用图画画出来，并把演讲稿的提纲、每一部分都用图画很好地联系起来，画好后，标上先后顺序，仔细看看，并牢牢记住所标记的顺序。当你站在台上演讲的时候，这些图画就会有条不紊、清晰地浮现在你的脑海里，你把这些图画转化为讲稿后，就可以畅所欲言了。

二、意义记忆

心理学家认为：思想和言语的表达有不可分割的紧密关系，思想是言语表达的基础，而言语表达其实就是思想的外化形式。一篇优秀的演讲稿，总是有明确的思想内容和较为鲜明的主题。因此，记忆演讲稿，就需要从讲稿的意义入手，只要你把握了主题和中心思想，并且找出了各部分“意义的要点”，提纲挈领，再添枝加叶，就可以在此基础上把全篇讲稿内容轻易地装入大脑。等到演讲的时候，只需要通过这些意义，就可以使鲜明的主题和中心思想脱口而出。

三、结构记忆

从演讲稿的结构去把握全文，先领会好演讲稿的中心思想，然后顺着解决问题的思路，按演讲稿的结构条理，从头至尾，排列出合理的顺序，进行强制性记忆。演讲稿虽然从语言体裁上看是具有叙述格调和文学色彩的，但是单单从演讲稿的提纲上看，它就属于论文范畴。而作为一篇议论文，通常就离不开提出问题、分析问题、解决问题这三大板块。你可以按照这样三个部分来记忆，先记提出了什么样的问题，再记是从哪些方面来分析的，最后记问题是通过什么样的方法来解决的。只要你在大脑里重新建构这三个框架，你就牢牢地把握了讲稿的章法结构，它可以很有效地帮助你记忆整篇讲稿。

四、依靠情感记忆

情感记忆这个方法就像是演员背台词一样，在记忆讲稿的时候，让自己进入角色。心理学家认为："情感主要是和大脑两半球的活动联系着的。"演讲稿中，有一些内容是具有深厚的感情色彩的，它往往体现演讲者的喜怒哀乐、好恶爱憎。你在记忆演讲稿的时候，要特别注意这些带有感情色彩的词语、句子，使自身的语气、音量、语速和态度都不同于一般，这样，就很容易记住了。

五、机械记忆

机械记忆就是没有含太多技巧性的记忆，这在演讲中有些地方是需要的，同时，它也是最常用的记忆方法。如在演讲中的一些人名、地名、历史年代、数字等，都需要靠机械记忆。但是机械记忆并不只是死记硬背，它也可以采取灵活的方法。比如你可以用对照法来记忆历史事件；你还可以运用谐声、会意等手法，缩小记忆对象的信息量，来达到巧妙记忆的目的。

六、连锁记忆

记忆是需要反复的，不断地反复，可以加深和巩固记忆。在反复记忆中，间隔反复比连续反复的效果要好。间隔时间不能太长，也不能太短，因人而异。其基本原则是以下一次反复记忆能够顺利地把全部内容背出来为准。如果背诵时有忘词现象，说明间隔时间隔得久了一些，如果背诵得特别顺利，下一次间隔时间可以拉得长一些。

连锁记忆就是把需要记住的各个事物用联想方法连接起来，联想越是古怪，记忆就越清楚。环环相扣记忆无限，连锁法一个非常重要的特点就是环环相扣，可以连接5个、10个，甚至100个、200个资料。就如同唱歌，很多年没唱过的歌，只要能哼出旋律，后面的歌词就会随口而出。在日常生活中有很多事情可以运用到连锁法。坐地铁时你可以非常轻松地用图像来联想站名。从第一站联想到第二站、第三站、第四站……你发现坐在那里就可以轻松联想出整条线路。一般来说，每天有四个记忆高潮点，是记忆的最佳时期：一是早晨起床后；二是上午8～10点；三是傍晚6～8点；四是在临睡前一两个小时。

七、高声朗读法

对演讲稿进行反复朗读，用声音刺激大脑皮层从而强化记忆的方法。这种方法，口耳同时进行，可以排除其他杂念和外来干扰，便于记忆。运用这种方法记忆，在朗读过程中，还可以对速度的快慢、声音的高低、语调的抑扬进行处理，仔细体会演讲稿内含的思想感情、词语的深刻寓意，有利于调节掌握时间，充分表达演讲感情。

实践出真知

一份无懈可击的讲稿只是第一步，最重要的是要有自信，而自信从何而来？练习！反复的练习！古希腊著名政治家、演讲家德摩西尼为了克服自幼就有的习惯性口吃，经常在嘴里含着小鹅卵石进行训练，练发声、练气息，登上山顶，顶着风背诵《伯罗奔尼撒战争史》的抒情段落，他还边登山边朗诵，勤学苦练终于吐字流畅、发音清晰。演讲的才能来自于苦练。美国总统林肯，是闻名于世的大演讲家。他的《葛提斯堡演说》已铸成金文，至今存放在牛津大学被作为英文演说的典范。他的多次法庭辩护演讲，几度轰动全国。他的演讲才能是靠苦练获得的。他年轻时，经常徒步三十英里到一个法院里去听律师们的辩护词，看他们如何辩论，如何做手势。他听了那些云游四方的福音传教士挥舞手臂声震长空的布道，回来后也学他们的样子。为了练就口才，他曾对着树或成行玉米演讲过多次。演讲是一种性格和意志的磨练，要有不怕失败、不怕嘲笑、不怕讽刺的顽强精神，任凭风浪起、搏击奋然行。练习演讲还应该注意一些方法。孙中山自述练习演说之法：一是练姿势。对镜练习，到无缺点为止。二是练习语气。演说如作文，以气为主，气贯则言之长短、声之高下皆宜。说到重要处，掷地作金石声。

初学演讲者一定要克服畏难和怯场心理，不放过任何观察、思考、练习，特别是登台演讲的实践机会。充分演练也可减少演讲过程中怯场心理和磕磕巴巴，使得听众感觉可信。经过反复的练习之后，演讲者的语速会较一般谈话时快且流畅，听众会认为演讲者更为专业和可信。

练习时必须大声地张口说、真实地模拟演讲现场的状况才能达到真正的练习效果。分析演讲稿，理清思路与线索，同时配合有声语言、态势语言，激发自己的激情和活力，努力做到声情并茂。正所谓把平时当战时，战时才有可能当平时，只有逼真的演练，实战时才不会怯阵。因此，请自己的朋友或同事作为听众参与其中，虚心接受他们的建议，这样，就可以及时注意到自己可能不会注意到的问题。要连续演练，切莫一犯错就重来，因为实际的演讲是无法重来的。

演讲前的练习内容一般包括：演讲的基调、语音、语调、表情、姿态、动作和起承转合等诸多方面。应该指出的是，练习的第一步应该是在充分理解演讲稿所论述的主题基础上，确定整篇演讲的基调，或庄严、或激昂、或深沉、或幽默，然后再在熟练地掌握全部演讲内容的基础上，展开对其他诸多方面的练习。在练习时，需要特别注意的是，演讲的形式和技巧等方面的处理，必须服从演讲的内容和主题的需要。另外，演讲中的起承转合部分要特别熟悉，切忌死记硬背，应以通篇演讲的自然顺畅为好。

具体方法：

一、单项练习

演讲活动是一项综合活动，它包括许多内容和基本功，开始练习时不可能一下子都符合要求并做到协调一致。孙中山和林肯，都很注重单项练习的方法。如练习姿势，练习语气，练习发音，练习手势，等等。可以集中精力，抓住重点，各个突破，这样见效快。

二、综合练习

单项练习便于纯熟地掌握每一项基本功，但我们的最终目的在于使已经掌握的每一项基本技能综合地运用于一个演讲中，配合默契，协调一致，共同完成演讲任务。所以，就需要进行综合练习。比如，在讲一句话时，根据思想情感的需要，我们的声音应该有相应的变化；同时，身体的姿势、手势、面部表情、眼神等应该和它协调一致。

三、个人练习

这种练习法比较方便，不受拘束，不受条件限制，只要自己有空闲时间，随时都可以练习。可以采用录音、录像、对着镜子练习等多种方法。

四、当众练习

第一步，在个人练习已达到一定程度的时候，可以请自家人或有经验的演讲家听你演讲，然后让他们提意见，以便改正缺点，使演讲渐臻完美。第二步，在演讲基本熟练后，就必须拿出勇气来，到大庭广众中去演讲。讲完后，再虚心地征求一下听众的意见，然后认真总结，发扬成绩，克服缺点。久而久之，演讲水平定会得到提高。

有的人或许会有这样的感觉，觉得自己的这场演讲很棒，自我感觉还不错，直到有人提醒其某些地方需要改进的时候还有点茫然，所以在练习和彩排中，如果有条件的话，有必要将当时的情景录下来，以便检查自己是否有一些无意识的小动作显得不够专业，是否分散了听众的注意力。这是提高演讲技能的最快方法，当发现这些问题时可能自己都会觉得惊讶：这是我吗？我居然会这样做？是否过多使用口头禅等一些无意义的话，如好的，好，你知道的，嗯……啊，是吧，怎么样，然后，等等。

演讲前的练习也应该适度。因为演讲前，演讲者能否得到充分合理的休息，它既关系到演讲者在演讲时能否保持充沛的精力和饱满的情绪，也关系到演讲者能否在演讲时有一副响亮圆润的嗓子。演讲前休息的方式多种多样，它可以是听音乐、散步，也可以是浏览自己喜欢的书刊。但是，充足的睡眠和有节制地使用自己的嗓子，无疑是演讲前休息的主要方式和主要内容。有些演讲者由于在演讲前进行了没有节制的强化训练，却忽视了演讲前的休息，结果在演讲时常发生嗓子沙哑、精神状态不佳的状况，进而影响了自己正常演讲水平的发挥。因此，一个老练的演讲者在演讲前既注重练习，也不忽视必要的休息。练习和休息，二者是相辅相成、不可偏废的一个有机整体。

多利用无声的语言

演讲是在大庭广众面前去展现自己，因此不同于书面语，与电台讲话也不尽相同，一些恰当的非语言技巧也同样重要。如果说书面语是一种平面的语言表达形式，而演讲者走上演讲台，融声音、形象、态势为一体，就构成了一种立体的语音表达形式。许多著名演讲家正是善于运用这种“视—听”联觉的表达形式，才给听众留下了永难磨灭的形象记忆。而初学者出现问题一般也是因为表达得不够娴熟而导致的，其实用一个眼神、一个不经意的表情、一种姿态或动作可以与语言相互配合表达思想、丰富情感，使得演讲更加生动。

一个开放的姿态可以展现良好的个人形象，我们看到许多优秀的演讲中身体的姿势都十分的得体。演讲时的标准姿势应该是怎样的？站立时双腿应保持12~15厘米的距离，全身重量均衡分布在双腿，双肩自然挺立，下巴稍稍抬起，双手置于身体两侧，除非是需要做手势，不要让双手晃动。必要的手势可以增加语言的魅力，但不应过多。靠在演讲台上会显得你不够专业，而且很虚弱。前后摆动更要不得，除了会晃得人眼晕还有别的效果吗？

一、面部表情

当我们坐在大厅里观看演讲者演讲时，在他上场的那一瞬间，首先看到的是他的整体形象：风度是否潇洒，气质是否高雅，打扮是否得体等。而形成整体印象之后，目光就会自然而然地转移到演讲者的面部。这是因为面部表情是一个人情感变化的展现，听众可以从中解读出其内心的情感世界。美国前总统罗斯福演讲时，说他全身好像一架表现感情的机器，他满脸都是动人的感情。这样他的演讲更有力、更勇敢、更活跃。

艾伯特·梅拉宾在进行了一系列的实验研究之后，在1968年提出了一个公式：交流的总效果=7%的言语+38%的音调+55%的人体动作、面部表情。研究体态语言较早的雷·伯德惠斯特尔教授，也得出了类似的统计结果：人在面对面交流中，有声部分占交际信号的比例低于35%，而65%的交际信号是无声的。

面部表情是人体语言中少数能超越文化的传播手段之一。如惊讶、高兴、愤怒、恐惧、悲哀、憎恶、好奇等情感，在各种不同的民族文化中都采用了几乎相同的面部动作和动作组合形式。面部表情是依靠五官的动作来表达的。五官中起主导作用的是眼睛和嘴。五官中某一个器官的单独运动几乎是不可能的，因此，面部表情依靠的是眼、眉、口、鼻的组合运动。大量的成语表现了面部表情的丰富性，如慈眉善目、横眉瞪眼、含情脉脉、挤眉弄眼、眉开眼笑、眉飞色舞、张口结舌、咬牙切齿等。

二、目光的交流

演讲过程中眼神要与观众形成交流，与他们建立和谐的关系，但是切忌直勾勾地盯着某一个人。利用面部喜怒哀乐，特别是眼神等表情手段与演讲内容相互配合。

（一）目光扫视全场

一般来说，演讲者走上讲台时，不宜匆忙开口讲话。如果人未到声先到就会显得不够成熟和老练。老到的演讲家上台后，总是先用亲切的目光扫视全场，这样，既是用眼神向听众示意和问好，也是提示演讲即将开始，请保持安静。

（二）专注的目光

当发现有个别听众开小差或捣乱时，就可以向他（或她）投注这样的目光，既有关切、提醒之意，又暗含了警告的意味。

（三）用虚视的目光控制会场

虚视，即似看非看。演讲中不能老用扫视或专注的目光。目光不停地扫视，会给人一种机械运动的感觉；而目光老是专注一处，则会给人呆滞的感觉。目光不需要扫视或专注的时候，最好虚视。虚视虽然是什么都看不清，但它仍然能让听众感觉到你在看着他们，它会向听众传达出这样的信息：我在同你们一起讨论问题，在同你们交谈。这一信息非常重要，它对控制会场、集中听众的注意力起到一定的作用。不过，用眼睛说话尚需掌握以下要领：

首先要有主动性。演讲中演讲者必须主动用眼睛接触听众的目光，只有双方目光接触才能实现交流。如果把眼睛藏起来，不敢目视听众，回避听众的视线，比如将眼睛盯着窗外或天花板，那是非常糟糕的。你不看听众，听众就会当你自言自语，不是在同他们演讲。这样，他们人在心不在，开小差、打瞌睡就在所难免。

其次，要有目的性。任何一种目光、视线、眼神都要有目的地活动变化，才会对听众起作用。比如用眼睛示意听众安静，听众才会安静；示意听众回答问题，听众才会回答问题。那种无目的的动作、表情，不但不能起到积极的作用，反而会分散听众的注意力，影响演讲的效果。

再次，要有协调性。即目光、视线、眼神要同脸部表情及有声语言协调一致，才能相得益彰。比如向听众问好，目光与脸上的表情必须同时表现出亲切的态度。批评某人不专心，目光与脸上表情就要同时表现出严厉的态度，只有配合协调，才容易使听众明白和接受，从而达到交流的目的。

三、要学会用微笑来说话

对于不管在任何场合做任何内容的演讲，都板着脸孔，一本正经，严肃有余、活泼不足的人，实在是太需要学习一下用笑说话的艺术，来改变自己的形象。笑，在演讲中的作用是多方面的，如它可以传情达意，可以活跃气氛，可以掩饰怯场的窘态等。就传情达意而言，笑的表现力是很丰富的。微笑是世界上最能表达善意的表情，一个简单的微笑就可以迅速拉近与听众的距离。所以，各位演讲者请放下你工作中那些严肃的“扑克脸”“冰山脸”吧，这是一个需要亲和力的世界！

四、手势，也是施展个人魅力的一大利器

手势是人们交流过程中常用的态势语言。罗丹说过，“没有灵敏的手，最强烈的感情也是瘫痪的。”的确，当我们从银幕上看到列宁演讲时那强而有力的手势，我们就能体会到罗丹的话说得多么有道理。

演讲中使用的手势大致可分为两类：一是表意手势，凡是指示、模拟、状物的手势，都属于表意手势。例如，用手示意对方“你过来！”“你到那边去！”“你说我吗？”；用手比画“有这么高啦”“有这么大”等；二是表情手势，指用来表达抽象意念及情感的手势。

手势的运用要掌握以下要领：

（一）要有明确的目的和用意。手势动作有明确的目的，这样，才能作用于听众。必须戒除那些无意义的、习惯性的动作。比如，有的人演讲时，喜欢摆弄台面的东西，或玩弄衣角、饰物，或搔姿抓痒，或将手插在口袋里，或习惯用手托住腮。这些无意义的、习惯性的动作会带给听众不好的印象。

（二）要正确使用各种手势动作。在相互交流中，不同的手势动作，有不同的含义，它是人们长期使用过程中约定俗成的。例如，手指的运用：伸出拇指可以表示夸奖、赞扬、“第一”；伸出小指表示“落后”、末名；

伸出食指可以指点事物，可以表示斥责、命令、警戒，还可以表示数目“一”“七”“九”；食指与拇指做圈状表示“零”；食指与中指竖起表示“二”，也可以表示“胜利”；食指、中指、无名指竖起表示“三”；食指、中指、无名指、小指竖起表示“四”；五指竖起表示“五”；拇指与小指竖起表示“六”；拇指与食指竖起表示“八”；左右食指交叉表示“十”；中指弯屈向下敲击桌面表示谢谢，向上敲击桌面表示注意。拳头运用：握紧拳头可以表示愤怒、坚决、无畏、打击、打倒、破坏、团结等；两手分别握拳高举表示胜利、成功、欢喜；两手握成一拳表示谢谢、关照；握拳捶胸表示痛心、惋惜、后悔。

手掌运用：挥手表示告别、致意；扬手表示招呼、注意；招手表示过来；摆手表示否定；甩手表示不要、不理、不齿；手掌捂胸表示第一人称“我”、良心、心里；合掌表示祈祷；手掌向前、向上伸展表示希望、喜悦、祝愿、展望、憧憬等；手掌向下劈一般表示憎恶、不悦、卑屑、不齿等。

演讲者如果对上述手势动作不了解，会使对方不明就里，甚至会引起误解。所以，要达到交流的目的，必须了解和掌握各种手势动作的含义，根据表情达意的需要正确使用它。

手势具有加强语气的功能，因此许多演讲者容易手舞足蹈，以增加演讲的说服效果，不过手势的运用不宜刻意做作，而是随着演讲的内容自然地形成。妥帖的手势使用可协助演讲者达成以下六种功能：指示，将手势当作指挥棒使用；分割，手掌由上往下切割，作出区别；形容，用手势模拟事物大小高低等；强调，握紧拳头等，协助演讲者加强某些观点；支持，双臂张开，代表接受与支持；反对，手心面对听众后左右摇晃，表示不可以。就姿势而言，不同的身体姿势也充满了各种意义。例如，站着与坐着演讲的意义就不同，站着演讲可以增加吸引力与说服力，人数少时坐着为宜。就站着而言，演讲者的姿势宜端正、轻松，不宜弯腰驼背，应保持身体平衡。站位则宜选定台前中央，避免将身体压住桌子，以避免显得随便，而演讲者也应该避免在同一个位置久站，但也不用全场乱走，让听众转来转去。此外，不宜与听众距离过近，而演讲结束后，深深一鞠躬，请不要逃之夭夭。

（三）力求做到自然协调、简练适度。自然是指手势动作要舒展随意，放收得体、灵活自如，给人以美感；协调是手势动作要与有声语言、面部表情及其他身体语言协调一致，这样，才能有效地加强语势，增强演讲语言的表现力和感染力。如果失去自然协调，听众就会感到别扭、滑稽。简练是指手势动作要简单明了、干净利落；适度是指手势动作不能太过于频繁，不能无休止地比比画画，甚至一句话一个动作，这样会弄得听众眼花缭乱，分散听众的注意力，影响演讲效果。只有做到自然、协调、简练、适度，手势动作才富于美感，才能发挥积极的作用。

（四）还有一些注意事项：去掉无意识的小动作，如无意识地把手插入口袋，拨弄自己的胸针、戒指、头发等，更不能不停地舔嘴唇或者不停地停下来喝水，不间断地用手敲击自己的腿，这些都是演讲中不应该出现的举动。如果必须让你的手做点什么的话，最起码要让它对演讲起到帮助。

展现声音的魅力

演讲最终是要通过声音进行表达，所以一副富有魅力的嗓音绝对可以给你的表现加分，演讲的声音要足够大，以保证房间最后面的人也可以听得到；同时语调、语速包括音量都应该随着演讲内容的不同而有所变化，充分利用抑扬顿挫、停顿等语调手段，调动听众的参与热情。书面语可以最后被理解，而口语则需要立即被听懂。老舍的话一语中的：“耳朵不像眼睛那么有耐性，听到一个不爱听的字或一句不易懂的话，马上就不耐烦。”

其实演讲稿不仅会因其叙事为主、抒情为主、议论综合的体裁特点而出现内容总体倾向的差异，即使在同一篇演讲稿的内部，不同的段落、不同的句式之间也存在着内容表达的差异。其中既有叙述故事的、倾诉感情的，也有宣传鼓动的、雄辩说理的，还有揭露指责的、愤怒声讨的，它们共融于一篇演讲稿内，使得演讲稿具有丰富而又完整的内容结构。对于这些不同性质的语言，演讲者应当在演讲时分别赋予与其特点相符的语调，只有这样，全篇演讲才能通过演讲者的声音显示出跌宕起伏、缓急有致的魅力，才能更好地再现演讲稿的中心思想。

为了能在准确把握演讲文稿的情感基调的基础上，成功地糅合多种语调于一体，以充分发挥有声语言的魅力去感染听众、悦服听众，在语调的设计上要尽量做到：语调的情感要色彩鲜明，不能含含糊糊、交代不清，即不要以一种基本没有变化的语调进行演讲；语调的色彩变化要错落有致，层次清楚，条理分明。它要求声音要有高低明暗的变化，要有高潮、跌宕的对比，在节奏上还要有快有慢、有张有弛。这样，才能有效地保持对听众的吸引力。但要注意不能以一种忽高忽低、变化不定的语调来完成演讲。语调的设计要合理自然，要围绕字里行间存在着的一条贯穿始终的情感发展线进行设计。要情动于衷而形于言，忌讳故作多情、无病呻吟。

一、演讲的重音设计

语调设计和重音设计的目的是共同的，都是为了更有效地发挥有声语言的魅力，形象地再现主题，突出中心。但是，语调设计更注重于从宏观角度把握演讲语言的抑扬顿挫，而重音设计则更注重于微观分析，往往力求通过一个词、一个字的重音强调，以强化听众感觉。重音是指演讲中需要强调的字、词、句等，但并非只是高声调、加大音量、增强感情，其实重音分为语法重音、逻辑重音、感情重音。重音设计，一般可根据以下几个原则来进行：

（一）把握好逻辑重音。也叫强调重音，作用在于强调句子中某些特殊意义，它和上下文，以至全篇文章都有关系，在句子中没有固定的位置。逻辑重音处理得好，可以把上下文的关系表达得更有条理，前后照应，有利于突出中心思想。逻辑重音没有固定的位置，随着逻辑思维而改变，也没有固定的“量”的比例，在演讲中，要视其与突出主题的关系是否密切而定。

（二）处理好感情重音。为了表达某种特定感情而把某些词语重读叫作感情重音。感情重音处理得好，可以把文章中的感情表达得更细腻更充分。强烈的感情重音，有助于强化某种感情。感情重音在同一句中，也可因情感侧重点不同而发生转移。

（三）还有一种语法重音。语法重音是口语中自然形成的一般重音，与语法结构相适应，是按照语法结构的特点而重读的，如谓语中的主要动词、表示性状和程度的状语、表示状态或程度的补语、表示疑问和指示的代词等通常读重音。这种重音一般只比非重音的词略微重一些，并不十分突出。

三种重音的交相融合、有机统一，构成了演讲变化有致、跌宕多姿的语言风格。重音的基本表达方式也可以有多种。首先，可以采取加重语气、提高声调的办法。另外，在演讲时，重音字与其他字相比，发音更饱满一些，音长略加长一点，也可达到重音突出的效果。有时，重音设计为下降趋势，也可实现感情上升的效果。

二、演讲的停顿设计

演讲中是否善于运用停顿，在某种程度上也是演讲是否成熟的标志。奥斯卡·王尔德在《致里奥那德·斯密塞》中写道："我想，如果诗的间隔、停顿设计得好的话，几乎可以出成一本书。在有间隔的地方应是新一页的开始——一个间隔是一页。"演讲并非一口气下来就是最佳，因为要使听众对你的演讲不仅入耳，而且更要在他们大脑中留下深刻的印象，就需要给他们留下理解、回味的时间，这就需要有停顿。就这一点而言，演讲中恰到好处的停顿，是感情和思想在听众心头的特殊延续。此外，停顿设计得好，可以使演讲者自然换气，又可以有效地控制语速、转换感情，也有利于更为清晰明快地传达语句和段落的意义。

停顿设计，有时也可以归入语调的节奏设计范畴，与之同步进行。但二者对比，节奏设计更注重于从宏观角度把握演讲语言的快慢频率、急缓张舒，而停顿设计往往更注重于微观分析，有时一处成功的设计，就能有效地强化演讲效果。

停顿设计，一般可以根据以下原则进行：

（一）把握好逻辑停顿。逻辑停顿是为了突出或强调某一特殊意思所做的停顿。

（二）把握好感情停顿。感情停顿是指为了突出某种强烈的感情而做的停顿。可长可短，视抒情需要而定。

（三）把握好结构停顿。在演讲辞段落之间，尤其在感情跳跃较大的段落之间，应有较长的停顿，以突出层次感、条理性。在实际演讲过程中，有些演讲者不能合理地安排停顿。他们或两字一顿，或三字一顿，或四字一顿，把完整的语句肢解得七零八碎，既不能使听众正确理解语意，又容易使听众感到疲劳。有的演讲者句中的停顿或句子间的停顿不明显，从而造成词语或句子的粘连，使得语感含糊。另外，还应注意，停顿既要服从标点符号，但又不能被标点符号限制死，特别是停顿的长短必须服从语意的表达和感情的变化。

语调、语速、重音、停顿、调整节奏和加强语势，可以说是演讲学中“说”的精髓，所以，在演讲训练中应加强这方面的训练，使得演讲者能够根据场所的大小以及内容的需要“活学活用”。一般表达急切、震怒、兴奋、激昂等情感时语速可以适当快些；而表达沉郁、沮丧、悲哀、思索、亲切等情感时应慢；一般叙述时可慢，涉及阐述时应快。音量的轻重变化，语速的快慢交替就形成了语言特定的节奏。节奏掌握好了，不仅能时时唤起听众的注意，充分表达演讲者的思想感情，还能产生类似音乐的效应，使听众产生美感。

经典案例赏析

1941年12月7日，日本海空军部队对美国夏威夷珍珠港进行了突然而蓄谋已久的狂轰滥炸，导致了美国太平洋舰队的毁灭。

美国总统罗斯福获此消息后，于1941年12月8日，在参众两院联席会议上发表了《一个遗臭万年的日子》的著名演讲。这篇仅用了6分半钟的简明有力的演讲，既陈述了事实真相，又分析了战争性质及胜负条件，把激昂愤懑之情融于冷静的分析和判断之中，句句有理有据，句句铿锵有力，产生了巨大的反响。随后，参众两院分别以绝对多数票通过了美国和日本之间存在战争状态的联合决议。下面是演讲的原文。

《一个遗臭万年的日子》

副总统先生、议长先生、参众两院各位议员：

昨天，1941年12月7日——必须永远记住这个耻辱的日子——美利坚合众国受到了日本帝国海空军突然的蓄意的进攻。美国和日本是和平相处的，根据日本的请求仍在同它的政府与天皇进行会谈，以期维护太平洋和平。实际上，就在日本空军中队已经开始轰炸美国瓦湖岛之后的一小时，日本驻美国大使还向我们的国务卿提交了对美国最近致日方信函的正式答复。虽然复函声称继续现行外交谈判似已无用，但并未包含有关战争或武装进攻的威胁或暗示。

历史将会证明，夏威夷距日本这么遥远，表明这次进攻是经过许多天或甚至许多个星期精心策划的。在此期间，日本政府蓄意以虚伪的声明和表示继续维护和平的愿望来欺骗美国。

昨天对夏威夷岛的进攻给美国海陆军部队造成了严重的损害。我遗憾地告诉各位，很多美国人丧失了生命，此外，据报，美国船只在旧金山和火奴鲁鲁（檀香山）之间的公海上也遭到了鱼雷袭击。

昨天，日本政府已发动了对马来西亚的进攻。

昨夜，日本军队进攻了香港。

昨夜，日本军队进攻了关岛。

昨夜，日本军队进攻了菲律宾群岛。

昨夜，日本人进攻了威克岛。

今晨，日本人进攻了中途岛。

因此，日本在整个太平洋区域采取了突然的攻势。昨天和今天的事实不言自明。美国的人民已经形成了自己的见解，并且十分清楚这关系到我们国家的安全和生存的本身。

作为陆海军总司令，我已指示，为了我们的防务采取一切措施。

但是，我们整个国家都将永远记住这次对我们进攻的性质。不论要用多长时间才能战胜这次预谋的入侵，美国人民以自己的正义力量一定要赢得绝对的胜利。

我们现在预言，我们不仅要做出最大的努力来保卫我们自己，我们还将确保这种形式的背信弃义永远不会再危及我们。我这样说，相信是表达了国会和人民的意志。

敌对行动已经存在。毋庸讳言，我国人民、我国领土和我国利益都处于严重危险之中。

相信我们的武装部队——依靠我国人民的坚定决心——我们将取得必然的胜利，愿上帝帮助我们！我要求国会宣布：自1941年12月7日星期日日本发动无端的、卑鄙的进攻时起，美国和日本帝国之间已处于战争状态。

点评：

该篇演讲简洁有力，感人至深，从行文来看达到了增一字则多、减一字则少的境界。既陈述了事实真相，又分析了战争性质及胜负条件，把激昂愤懑之情融于冷静的分析和判断之中，句句都是有力的论据，句句都是炙人的烈火。整个演讲扣人心弦，激荡人心。演讲中，使用了很多长短句，既突出了当时的十万火急之势，又增强了语言的质感和分量，让人有身在弦上不得不发之势，这仿佛为即将拉开的战争吹响了号角，又仿佛是一面进攻的旗帜在鼓舞万众。

整个演讲内容共分为四个部分，简单概括就是：阴谋偷袭、前线战况、紧急行动、坚定必胜。整体衔接流畅，简洁干脆果断，语言极富感染张力，又兼有清晰而理性的思维，因此收放自如，引人强烈共鸣。整个演讲给人以庄重、严肃、紧急的感觉。即使是坚持“孤立主义”的美国人也为之动容。罗斯福“抵御侵略”的号召得到美国人民的热烈拥护。

罗斯福的这篇演讲运用高潮式结尾，在实际运用中应该注意以下两点：

一、不要告诉听众你要结束演讲了，最好不用“我现在做个小结和归纳”之类的话，也不要用某种表情或动作来显示你的演讲即将结束。否则的话，听众们便开始计算时间，分散注意力，很难继续专心听你的演讲。

二、应当让听众有一种余音绕梁、意犹未尽的感觉。

高潮式结尾如果用得恰当，结果一定十分良好。林肯赞美尼亚加拉瀑布的演讲，就是如此。采用一唱三叹的修辞手法，达到吸引读者、加深印象及展现情感的目的，突出了主题。

简洁而短促的排比句、排比段是很好的渲染气氛、烘托情感的表达技法。善用独句段可以营造一种铿锵的语势，或给人以玉佩叮咚状的愉悦感，或给人短兵相接式的急迫感。

细节决定一切　第五章

职场中的细节

职场就是一个江湖，而这个江湖就是我们毕生奋斗的战场，死生之地，存亡之道，一着不慎就有可能错失良机，追求细节的完美，体现的是认真、严谨的处世风格，而这有可能就是你最好的个人品牌和形象。

应聘面试是踏入职场的第一步，如何才能走好？直接决定你是否能够晋升的就是你的上司，如何与自己的上司打交道也成了你晋升的命门；同事是每天与你相处时间最多的人，跟他们既要合作又要竞争，如何把握这两者之间的平衡？当你成为上司后又应该有怎样的御下之术？无处不在的竞争又有哪些细节不可忽视？想要晋升就要从细节处经营自己的人脉账户；跳槽也有大学问。这些细节你可曾忽视？

应聘面试需要注意的细节

一、寻找适合自己的位置

“兵者，国之大事，死生之地，存亡之道，不可不察也。”这是《孙子兵法》开篇之语，职场如战场，战场的某些规律同样适用于职场。

求职面试，从狭义上说就是招聘方为应聘者求职而举行的当面考试，它一般是由征才一方在发出征才讯息以后，在确定的时间、地点由主考官对应征者进行面对面的考试。从广义上说，面试是征才者与应征者之间的交流，面试为双方提供了一个互相选择的机会。

我们在择业前也要认清自己，对自己有一个充分的估算，只有这样，才能在职场中找到自己的正确位置。刚毕业的大学生难免年轻气盛，自我认识不足，眼高手低，找不到自己的位置，在现实面前就会碰壁。心理学家布伯曾用犹太牧师的话阐述一个观点：凡失败者皆不知自己为何；凡成功者皆能非常清晰地认识自己。每个人都应当做自己命运的主人，做自己灵魂的舵手。认清自我是求职前最需要做的准备工作，求职前首先要回答五个问题：我是谁？我想做什么？我擅长做什么？环境支持或允许我做什么？我的职业与生活规划是什么？回答了这五个问题，找到它们的最高共同点，就有了自己的职业生涯规划。对自己有了清晰的认识，目标明确且专一，才能自信地应对面试，也才能够找到适合自己的单位和职位。

性格是接近天性的东西，很难改变，建议什么性格的人从事什么样的工作。如果职业顺应了自己的天性，那么你能更好地肩负起你的工作使命。每个人都有自己独特的性格、爱好、特长，都有自己特定的天赋与素质。如果你选对了符合自己特长、适合自己性格的努力目标，往往能够成功；如果你没有选对，你的职业之路可能更艰辛。走出象牙塔，进入这个宽敞的社会空间，你第一件要做的事情就是看清自己，只有这样，你才能大放异彩，让天空因为有你的存在而有所不同。

二、充分了解应聘单位

一位资深的人力资源主管说：“面试时，我们都会问求职者对我们公司了解多少，如果他能详细地回答出我们公司的历史、现状、主要产品，我们会很高兴。”求职者应通过各种途径得到有关用人单位的资料，详细了解用人单位，从而做到心中有数。网络是最方便的资源，可以访问公司的网站，了解公司的地理位置、发展历史、未来发展方向、产品，还可以知道公司的组织框架、领导人物和员工的资料。另外，公司一般会参加些展会，如果会议或展会主题与你中意的公司相符，翻阅自己中意公司的印刷材料，对应聘公司的大体情况了然于胸后，你要围绕公司多了解一下你所选择的职位的职责，即岗位的工作内容、工作性质和对从业者素质的要求。你可以向从事这方面工作的人请教，他们能向你提供具有指导意义的信息。

总而言之，在投简历前，你应该对目标企业进行研究，了解一下这家公司的前景、企业文化。面试前你的准备工作做得越好，你被成功录取的机会就越大。

三、简历的投递

现在社会竞争激烈，许多人为了不让自己的简历被淹没，往往把自己的简历弄得很花哨，希望能引人注目、脱颖而出，致使用人单位根本无法在短短的一两分钟翻阅完简历，了解真实情况，那么，这种简历无论制作多精美，都难以被看中。反而被人认为是不自信、华而不实的表现。

一份好的简历能针对某个行业，或某一领域，阐述、分析自己的优势所在，让用人单位能清晰地看到这位求职者在该领域有可开发的潜质，这类简历才受欢迎。 在求职材料当中，一份成功的简历将起到至关重要的作用。简历写作不应忽视以下几个要点：

（一）展现专业精神

在商业环境中或者市场经济下，人们都喜欢专业人士。职场新人缺少职业经验，但你可以在专业精神上尽量展现你好的一面。比如你的简历言简意赅、内容充实并具有针对性，格式也很专业，各级标题清晰明了、层次分明，人们会觉得你干练。编写简历要注意视觉上的美观和便于阅读，应适当运用编辑技巧，如粗体字、斜体字、下画线、段落缩进等，突出要点，避免使用大块的段落。确保格式专业，各级标题清晰明了、层次分明，

（二）针对不同单位选择性地多做几个版本

“一个简历投天下”没有针对性，应该针对不同单位选择性地多做几个版本，每一个版本的简历突出一种工作经历。用人单位在招聘时，会针对不同职位的需求，有不同的考察侧重点。比如招聘技术型人才时，看应届毕业生的简历会比较注重其专业成绩、在校期间是否有过相关作品；如果招聘管理型人才，除了看所学专业和学习成绩外，还会注重他在校时担任的工作、参加的社会活动等。因此，毕业生的简历要针对不同的单位和岗位进行“定制”。多个版本的简历会让各个企业觉得你很专业，有主见，职业概念明确，你面试的成功率就会加大。

（三）重在体现个人能力

应聘者与招聘单位的第一次沟通。对招聘单位来说，你可能是数以千计的应聘者之一，有些简历在招聘人手中只停留10秒钟。那些书写潦草、满纸错字的简历根本很难过关。为了提高工作效率，简历应突出体现求职者工作业绩和能力素质的重点部分。用事实和数字说明你的强项，不要只写上你“善于沟通”或“富有团队精神”这些空洞的字眼，应举例说明你曾经如何说服别人，如何与一个和你意见相左的人成功合作，这样，才有说服力并让人印象深刻；因为你的付出和把关，使公司成本降低了多少，为公司挽回多少损失等。你以往工作的业绩就是你个人能力的最好证明。

（四）准确有效地提交简历

使用电子邮件发送简历，要注意按照所应聘公司要求的具体方式填写。网络投简历有个小诀窍很实用：尽量在周日晚上投简历，因为一般用人单位都是双休，这样周一用人单位打开公司邮箱时，你的简历是排在最上面的，你也是最先被通知面试的。

四、求职面试的形式

面试的形式，是由招聘方根据自己机构的基本情况、条件、招聘目标和所招聘的对象所决定的面试方式。正规公司在招聘员工时都会有笔试和面试。笔试可以一定程度地考核基本的专业能力，而面试考核的是一个人的综合素质，即人的仪表风度、专业知识的深度和广度（是对专业知识笔试的补充）、口头表达能力、综合分析能力、应变能力、人际交往能力、自我控制能力等。正规的面试是经过组织者精心设计，在特定场景下，面试官对求职者面对面交谈与观察的方式。它由表及里测评求职者的知识、能力、经验等有关素质。常见的面试类型和应对技巧如下：

（一）电话面试

电话面试常常不超过半个小时，语种为中英文。它主要是核实你的背景以及考核你的语言表达能力，主要有自我介绍和常规问题等。

应对技巧：如果电话面试突如其来，你正在公交车上，可以请求待会儿对方再打过来或直接打过去，态度要真诚和有礼貌，一般情况下对方是愿意的。如果对方只是简短的几分钟“采访”，你不妨找个相对安静的地方接电话，请对方稍等。一旦赢得时间，就要在脑中过滤一下对方公司的情况和所要应聘的职位，尽快把思路捋清晰。真正的面试还要亲身面谈，通话时要保持冷静，才能使你语速均匀、语调轻松、逻辑清晰，让对方对你感兴趣。如果实在没有听懂对方说什么，要请对方再说一遍。最好你的身边随时备有笔和纸张，以记下电话面试的要点，为进入下一轮面试做准备。最后电话将结束时，要礼貌致谢对方，留下好印象。

（二）个人面试

个人面试一般分为一对一面试和主试团面试。

一对一面试是传统的面试方式，它主要为规模较小的机构招聘职员或大公司招聘职位较低的职员时使用，通过逐一淘汰的方法挑选出最适合该职位的人。

主试团面试又称围攻式面试，即由招聘方的多人组成主试团会见应聘者，这种方式一般在所招聘的职位比较重要时采用。由于主试团的每个成员一般都是该行业的专家、技术能手，因此应聘者在面对这么多高水平的主试者时，心理压力往往比在其他类别的面试中要大些，应付的难度也大。

（三）讨论式面试

当一个职位有较多应聘者时，为了节省时间，招聘者往往让多个求职者同时进行面试，以小组讨论的方式共同寻找答案，这种方法被称为讨论式面试，有时也叫作小组面试。主试者通过观察各位应试者在讨论中的表现来决定人选。这是一种非常有效的面试方法，近年来在各行各业中的应用越来越普遍。它比其他类型的面试方式更为优越的地方在于：可以在短时间内公正地比较几位应聘者的表现，可以更有效地考察在场每一位应聘者的交际、管理、决策以及对局面的控制等能力。这种场合最忌讳一言不发，你要抓住一个机会表现自己，说出自己的真知灼见。别人说话时，也不要打岔，等对方说完，你再陈述你的观点。因为这种类型考察的就是团队合作能力等。

（四）竞赛式面试

竞赛式面试是招聘者要求应聘者当场参与经过精心设计的技能测验与考试，而后根据结果作出评估的面试形式。有时也要求应聘者按规定演示某些与招聘职务相关的技能技巧，例如计算机打字、设计平面广告、根据所给材料写一篇公文、推销商品等。

竞赛式面试是先由主试者提出相关问题，然后由应聘者依次回答，最终根据答案的优劣和应聘者回答问题的方式、态度确定合格人选。因此，竞赛式面试中应聘者的发言技巧尤为重要。

因为竞赛式面试主要针对技能测验或考试，一般也叫测验面试。这种面试形式在招聘一些职位较低或专业性较强的职位时较为常用，既可作为一般面试的初选程序独立进行，也可与其他面试方式一起进行。

五、求职面试过程

自我介绍是面试中非常关键的一步，这个考察查你的语言表达能力、应变能力。你也可以主动向面试官推荐自己，展示才华。自我介绍的时间一般为3分钟左右，有些外企仅为1分钟。

（一）要清楚自我介绍所包含的基本内容

自我介绍的基本内容应包括本人姓名（应当一口报出，不可有姓无名，或有名无姓）、籍贯、学校、专业、学历、曾经供职的单位和部门、担任的职务或从事的具体工作等。一般简短的自我介绍模式为："大家好，我叫X X X，来自X X地区，毕业于X X大学X X专业……"然后说自己的特质，比如充满创意、与人相处融洽、组织力强等，当然必须用一些小案例来说明你的特质。面试前的这个自我介绍，你一定要在家里准备好，做个初稿，大声朗读，然后修正，这样在面试时，你就会非常熟练，打有准备的仗。一般在家可以先准备好两份自我介绍：一个1分钟的自我介绍和一个3分钟的自我介绍。

（二）自然大方

要充满信心，声音洪亮。语气不能因害怕而显得生硬，语速要适中，不能过快或过慢，语音不能含糊不清，要敢于正视对方的双眼，显得胸有成竹、从容不迫，整体上要落落大方。不要让你的小动作出卖了你，比如手的小动作，可能让考官认为你非常紧张；抖动腿和身体，可能让考官认为你不是很稳重；回答时眼神没有正视考官，可能让考官认为你没有尊重他等。

更多地谈一些与你所应聘职位有关的工作经历和曾经取得的成绩，以证明你有能力胜任这个职位。职场新人也可以使自己的开场白生动幽默有趣，把自己美好的特质和优点用诙谐的语言描述出来，当然要用实例从旁佐证。要说些你所具有的与应聘工作密切相关的强项，比如应聘软件工程师，就多说些计算机或者软件方面的优势；应聘财务，就多说些与财务相关的特长。

（三）注意事项

考官提问时应试者应注意听，抓住考官提问的要点，同时合理组织自己的语言，考官未说完决不能打断其话头，静待考官说完后再从容不迫地发言。保持与考官的及时沟通。不要固执己见，应该允许考官提出相反意见，并且虚心倾听，真诚请教。当问题属于中性或不易引起争论时，可直接坦率地提出自己的观点。 在面试中，解释的目的是将考官不明白或不了解的事实、观点说清楚，“解释”本身并不难，要使自己的解释达到预期效果，这就需要一定的原则和技巧了。考官要求应试者解释某一问题，往往考察的就是应试者会不会解释。应试者在做解释时必须态度诚挚，用富有情感的语言来说明问题。在确凿的证据和一定的逻辑推理的支持下，考官将很容易接受应试者的解释。当解释实在难以奏效时，应试者不必着急，“话不投机半句多”。如果考官已经做了某个判断，应试者往往很难改变他的观点，这时转移话题是最好的解决办法。不要寻找借口，强词夺理，更不能巧言令色。该解释的，就讲明客观原因，表明自己态度；不该解释的，不要乱加说明。当应试者被要求解释自己过去工作中的失误或某些不足时，应试者要就事论事，将责任严格限定于所解释的事情上，不要随意扩大。

有些考生形成一种语言习惯，经常使用绝对肯定或不确定的词如“肯定是……绝对是……”不确定的词如“可能、大概”等。这显得考生做事过于死板，缺少辩证思维。不要随便扩大指代范围，如“众所周知……”，这样的话容易造成考官的逆反心理，“我就不知道……”会令你很尴尬。

六、面试答辩技巧

熟悉各类题型的答题思路能够让应试者在面试答辩时更加迅速灵活，游刃有余。以下列出几类常见问题的答题思路，挂一漏万，供应试者参考。

有关“职业目标”问题的答题思路在对此类问题的描述上，要根据应聘岗位的特征来回答。一个开创性的岗位，就需要考生雄心勃勃。一些技能性强的岗位则需要考生忠于职守，耐得住寂寞。在面试过程中。应试者会经常遇到“两难”选择的问题，如“对个人利益和对事业选择”这样的问题，要把“利益选择”看成是一种价值选择，是对公平原则的选择，是对挑战自我的一种选择。当然，大前提还是对事业的选择。在面试中，必须坚持这个原则。应试者在回答这个问题时，既要正视困难和挫折，又不被困难和挫折击倒。同时要学会在失败中总结经验教训，养成把坏事变好事、把挫折变动力的意识和能力。抓住“题眼”，即找出面试题的关键问、要害词。尽量多答要点，如果参考答案有三个要点，你回答要保证五个要点。这样准确率才会高。

与上司相处应注意的细节

在职场中与上司的关系是最复杂也最微妙的问题。俗话说“官大一级压死人”，与上司相处总是有种战战兢兢、如履薄冰的感受。这是一门高深的学问，也是一种艺术，因为这种关系从某种程度上说决定你的前途命运，如果分寸拿捏得好，晋升有望；拿捏不好，个中的酸涩只能是打碎门牙往肚里吞。

一、与上司相处的原则

（一）学会尊重与服从

上司存在的最大价值就是比你优越一等。对于公司来讲，只有糟糕的员工，没有糟糕的上司。每一个上司都有他自己的优点，作为下属，你没有发现，那是因为你没有站在公司的角度去考虑问题。 既然是你的上司就请认命，学会尊重他，学会服从他。

即使你在公司里是技术尖兵，或是销售冠军，但是，你若是得不到公司及上司的信任，或是触犯了公司的某些规则，你同样会面临失业的危险，你的需求同样得不到任何满足，你同样会走投无路。想要赢得公司及上司的信任，必须遵循一点：你必须先表现出忠诚。大多数员工总是等待着信任的到来，但是却不愿意在这之前首先对公司及其上司表示自己的忠诚，进而将其作为交换信任的筹码。

（二）及时与上司沟通

定期地把自己的工作进展通过邮件或是报告的方式发给你的上司，同时还可以附上你在工作中出现的困难、问题以及解决方案，或是要求你的上司给予你应有的支持。如果因你的个人原因致使你已经无法再继续正常工作，尽量简短地、有针对性地、职业化地向自己的上司坦言清楚情况，而且要让你的上司做第一个知道，并且是唯一一个知道的人。在离职期间，一定要保持自己与上司的联系畅通，并不时地关心一下工作方面是不是需要自己的帮助。这样做的好处，会大大提高你不在公司时上司对你的依赖和关注，同时也会让上司充分地感觉到你对工作的忠诚。

（三）与上司保持一致

围绕上司的日程安排来设计自己的工作计划。作为你的上司，他必定也会有自己的日程安排，事情有主次先后、轻重缓急。你若是能够围绕着上司的日程安排来计划完成工作，那么无疑会使自己的工作更具重要性。他的阵营就是你应该要选择的队伍，他就是你应该要倚重的“战友”。你只有在正确的阵营中建立了良好的关系，才能有效地避免一些职业危机，从而更快一步地提升自己的职位。

（四）距离要适度

不要与上司保持过度亲密的关系，以致卷入他的私人生活之中。因为不同寻常的关系，会使上司过分地要求你，也会导致同事们对你的不信任，可能还有人暗中与你作对。把自己的地位建立在与上司亲密关系上的人，往往会在同事中受到孤立。与上司保持良好的关系，是与你富有创造性、富有成效的工作相一致的，你能尽职尽责，就是为上司做了最好的事情。

（五）摆正自己的位置，以大局为重

作为下属理所当然要为公司出力，而且还要做到不越位，但是一定要摆正自己的位置。作为一个下属有哪些是可以做，而又有哪些属于越位的表现？回答是明确的。任何事情有一个“度”的问题，否则就是越位。例如，在有的企业中，职员可以参与决策，但是应该明确应该是谁做什么样的决策，不同的人所做出的程度是不同的。表态是表明人们对某件事的基本态度，它同一定的身份密切相关。超越了自己的身份，也是不当的甚至无效的。对带有实质性问题的表态，就该由上级领导授权才行。有些工作不是在这个位置的人可以做的，这里面有时确有几分奥妙。如果不明白这一点，确实会影响自己的同事关系甚至是整个的职场生涯。

有些场合应当适当突出上司。请客打招呼一定要上司为先，下属表现过于积极，会妨碍上司的地位。摆正自己的位置，是同上司默契配合的基本，也可以说是第一步。

能否以大局为重，其实就是能否服从上司的问题。上司掌握着全盘情况，他们处理问题是要从全局出发的，对此要有服从意识，除个别情况外一定以大局为重，还要维护领导的威信。

二、 与上司沟通的技巧

（一）尽量适应上司的语言习惯

应该了解上司的性格、爱好、语言习惯，如有些人性格爽快、干脆，有些人沉默寡言。尤其上司都有一种统治欲和控制欲，更需要去适应。上司一天到晚要考虑的问题很多，你应当根据自己问题的重要与否，选择适当时机与上司对话。假如你是为个人琐事，就不要在他正埋头处理事务时去打扰他。如果你不知上司何时有空，不妨先给他写张字条，写上问题的要点，然后请求与他交谈。或写上你要求面谈的时间、地点，请他先约定，这样，上司便可以安排时间了。

（二）对谈话内容事先做好充分准备

“提前想三步，就很少有人能赢过你了。”在工作中做任何事都能多想一步，你就掌握了主动权。比上司多想一步，每一步环环相扣，你就会永远在战略上领跑。在谈话时，要尽量将自己所要说话的内容，简练、扼要、明确地向上司汇报。将要点放在问题的解决方法上而不是陈述其严重性。如果有些问题是需要请示的，自己心中应有两个以上的方案，而且能向上级分析各方案的利弊，这样，有利于上司做决断。为此，事先应当周密准备，弄清每个细节，随时可以回答，如果上司同意某一方案，你应尽快将其整理成文字再呈上，以免日后上司又改了主意，造成麻烦。要先替上司考虑提出问题的可行性。有些人明知客观上不存在解决问题的条件，却一定要去找上司，结果造成了不欢而散的结局，这是非常不可取的。

（三）主动谈话，及时汇报

主动向领导汇报工作是你职业生涯中最重要的事情。倘若你没有告诉领导你做了什么工作，在一段时间内，你的工作又毫无进展，你的领导可能就会认为你什么工作也没有做，或是瞎忙活。因而多少会对你有些看法，如果真是这样，你在领导的心目中将处于很不利的位置。主动地向上司汇报工作情况，他就可以十分明确地了解到，在这项工作上倾注了多大的心血。而且对于工作中遇到的棘手问题，他还可以给你提出宝贵的意见和建议，对你完成工作大有裨益。

（四）沟通中的禁忌

切忌越级上报，有意或无意绕过自己的直接上司是触犯你的直接上司的大忌。切忌报喜不报忧，发现问题苗头，及时禀报，以免造成更大的损失或副作用，应把不利因素消灭在萌芽状态。发生十万火急的事情，应尽快约定时间和上司碰头，事后禀报重大事情，上司是不会愿意承担重大责任的。切忌争功，应将功劳归于上司的英明领导。

（五）发生冲突的应急措施

职场中最忌讳与领导有正面冲突，适度地采取忍让的态度，既可避免正面冲突，同时也保全了双方各自的面子和做人的尊严。一旦造成矛盾就要竭力弥补，缓和气氛，疏通关系，积极化解，才是正确的思路。

首先，要勇于承担责任。如果出现工作上的失误，责任在自己一方，就应勇于找上司承认错误，做出道歉，求得谅解；如果主要责任在上司一方，只要不是原则性问题，就可以灵活处理，下属可以主动一些，把责任往自己身上揽，给上司一个台阶下，将工作失误造成的影响减至最小。

其次，主动开口。作为下级及时主动地开口问好，热情打招呼，以消除冲突所造成的阴影，给上司或同事留下一种不计前嫌、大度处世的印象。如果不涉及重要的原则，尽量将事件冷处理，搁置起来，在工作中一如既往。时间久了，矛盾也就自然化解了。

再次，请人调解。如果问题严重就需要找一位在上司面前说话有分量的同事从中斡旋。

与同事相处的细节

作为职场中的一员，其实每天中除去睡觉的时间外，绝大部分的时间不是与自己的爱人、父母、子女在一起，而是和公司的同事一起度过的。因此，如何与同事相处，就成为重中之重。

一、与同事相处的原则

（一）害人之心不可有，防人之心不可无

朋友之间亲密无间，互相说出心里的话能够增进友情，但是职场上，没有无私的友情，只有自私的利益，任何一个挡在升职路前的人，都是敌人。即使是关系再好的同事，无论玩得有多么投机，也不能什么都说，不要随便摊牌，尤其是抱怨公司的话。因为朋友和同事这两种人际关系中存在一堵墙——利益。利益是破坏人际关系的利器，只要涉及利益纷争，人际关系就会趋于复杂。即使是亲密无间的朋友，一旦成了同事，有了利益纷争，彼此的关系也会变质。所以，任何时候都要记住，同事就是同事，不是朋友。警惕突然升温的同事关系，如果某个同事突然对你非常热情，一般是对你另有所图，特别是跟你有竞争关系的同事。

（二）切忌揭他人的隐私

女士年龄，婚姻关系，无论是结婚，还是离婚，或许是男女之间的恋爱纠葛；家庭危机，子女问题，邻里关系，或是朋友矛盾；健康问题，经济问题，包括经济收入和存款状况。维护他人的隐私是一种人格的体现，也是自我保护的需要。做一个正直的人，一是不探听他人隐私；二是得知他人隐私时也不要传播。

（三）保持距离

职场上，很难见到真正的友谊。职场上不是玩感情的地方，同事间需要良好的关系，但是良好就足够了，没必要再发展到亲密无间。有人说过，你跟同事过于亲密，那么他的敌人就会成为你的敌人，而他的朋友却未必能成为你的朋友。而且有的时候私交过重，会成为工作上的累赘。

其实公司一直都在悄悄地观察着你和你结交的朋友，而且很有可能将你朋友的负面影响作为衡量、判断你个人品行的重要依据。而且面临生计的选择、竞争的考验时，很有可能就是你最好的朋友在背后捅了你一刀。

更重要的是远离公司反感的人，不要让公司将你也视为他们的同伙。表面上，公司不会干涉你跟任何人交朋友；实际上，它却非常在意自己的员工各自拥有怎样的朋友和伙伴，如果你总是跟某个喜欢八卦、到处散布负面言论的朋友混迹一处，那么公司很有可能会认定你也是一个喜欢传播谣言的人；如果你的朋友跟上司关系不和，常常发生矛盾冲突，那么上司很有可能认为你也是他的同谋。

（四）口中无是非

“谁人背后无人说，谁人背后不说人”，看似有道理，其实经常在背后说别人坏话的人，肯定不会是受欢迎的人。因为你可以在我面前说别人的坏话，下次你就有可能在别人面前说我的坏话。没有人会喜欢一个爱说别人坏话的人。在生活中，如果遇到在你面前说别人坏话的情况，你就要小心，用辩证的思维去考虑这种情况，并谨慎地与这种人交往。

(五)和为贵

能与同事和睦相处，一定会让上司对你留下好印象，因为人际关系的和谐不仅仅是一种生存的需要，更是能力的体现。

在办公室里与人说话时，态度一定要温和谦恭，让人觉得有亲切感。如果遇到意见有分歧时，只要不是原则性很强的问题，尽量避开锋芒，不必争得面红耳赤、不可开交。如果你是一个口才很好的人，不妨把口才用到商业谈判上，而不是在办公室里与人争高低。没必要在办公室逞一时之强而遭他人的反感。冲突发生时，能够解决矛盾的人，只有你自己。对于公司来说，员工之间发生矛盾，谁对谁错并不是最重要的，他们感兴趣的是谁能够更快、更好地掌握这次矛盾冲突的主动局势。甚至，他们还会借此来考验你在危机来临时，化解矛盾、处理冲突的能力。首先，你要抑制住自己的情绪，保持冷静。有理不在声高，面对一个暴跳如雷的人，微笑和冷静是解决问题的一个良好开端，也是战胜他们的唯一武器。其次，不要急着自我辩解，更不要试图去说服对方，而是保持以一个中立者的角度客观地去倾听对方的诉求。最后，你必须简单、公正、客观地陈述事实，从而快速、轻松地寻找到化解矛盾、 处理冲突的最佳办法。这是唯一一个能够化解矛盾、处理冲突的秘诀。不动怒，不攻击，不自我辩解，就不会使得冲突升级。能够成功遏制冲突升级的人，就会在对峙的局势中迅速地占据上风，并且让他人意识到你有掌握主动局势的能力。面对一个暴跳如雷的人，低声回应是一个绝招。它能够让你迅速地掌握事态发展的主动权，引导冲突往良性的方向靠拢，然后再进一步解决实际的问题。

二、与同事沟通的技巧

(一)开朗地打招呼

当你到达公司时，如果有人比你早来，无论是谁，你都要开朗地道声“早！”就算这些人是保安、清洁工或其他同事也应如此。会给他们留下开朗的好印象，赠人玫瑰，手有余香，自己一天的心情也会好起来。简单的一声问候，会增进你的人际关系，甚至提高工作的效率，何乐而不为?

（二）牢记同事的名字

在职场中，如果你能在上班的第二天就准确无误地叫着他人的名字与他们打招呼，那你在以后的工作中将会得到更多的帮助。名字从交际角度来讲代表了你对一个人的重视。当你想要打招呼却叫不出对方名字的时候是非常尴尬的，对方也会因此感到你对他的忽视。如果是想了很久还把对方的名字叫错，更是让人恼火，甚至给人留下不尊重对方的印象。敬人者人恒敬之，尤其是比你早进公司的那些同事，他们是你的前辈，为了表示你对他们的尊敬与重视，首先就应从重视对方的名字入手。准确叫出同事的名字，对于刚进入职场的你来说，比挖空心思想出无聊的奉承话更有魔力。

（四）勤于请教

勤于请教是融入公司整体氛围，与同事相处融洽的重要方法。每个人身上都有闪光点，遇上难题的时候，向他们讨教经验；平时无事的时候，留心学习他们的长处来完善自己，如学习极强的沟通能力、解决问题能力等。虚心地向同事们请教，并从他们不同角度的思考与判断能力中找到共同点，不仅对促进同事间进行良好互动有益而且会让你受益匪浅。

（五）适当的赞美

每个人都很难拒绝别人的赞美，即使再小的赞美也会使人有如沐春风的感觉。在与同事相处的沟通艺术中，适当的赞美是绝对不能缺少的，因为这种方式能最大限度地拉近同事间的距离，从而为有效沟通创造条件。在现实生活中，如果同事精心打扮了一番，懂得沟通艺术的人会这样赞美道：“你今天看上去非常精神，肯定有高兴的事情吧。”其实这只是一句简单的赞美之语，却让同事内心感到喜悦，并在此后的交往中也愿意与其进行沟通。

与下属相处的细节

一、与下属相处的原则

作为管理者与员工进行相处是至关重要的工作环节。上司与下属是一种特殊的人际关系，关系的好与坏直接影响公司的执行力。而执行力主要取决于上司的领导能力，不仅包括权力影响力以及领导者自身的人品学识等因素，最根本的是能否被下属接纳和信任。取得下属的支持，在领导因素中占70%。一个理想的领导者，能让各方面的专门人才团结在自己的周围，让他们心情舒畅地工作，以团队的力量和他们的支持来建立自己的事业，实现组织的目标。

（一）接受、欣赏与赞美

美国当代人际关系学家莱斯·布吉林研究发现，受人欢迎的三大秘诀，在于要接受他人（Accept）、欣赏他人（Appreciate）、赞美他人（Admire），即“三A”法则。

想要下属能够愉快地工作，薪酬只是其中的一个因素，满足他的精神需求也是不可忽视的一方面。作为领导者一定要明白下属需要的是什么。一般来说下属都会希望被上级和领导赏识和关怀，自己的能力可以得到施展。如果这一愿望可以达成，必定会激发起他的主人翁意识。如果能找到安全感和归属感，团队整体的凝聚力就会大大增强，核心竞争力必定会得到提升。而从细微之处将这份关怀体现出来就会显得自然而然，而不会刻意和做作。如亲切地叫出下属的名字，与他们能热情地打招呼、共同进餐，仔细聆听他们的看法，等等。都可以体现出对他们的关怀与肯定，而让他们倍感鼓舞。

赏识本身就包含着期待，如果这种赏识能被下属清晰地感觉到，下属就会努力实现这种期待。而且可以激发出无限的潜能，让他们以更饱满的热情去投入工作、提高效率。

赞美也是一种鼓励和肯定，而且是不需要成本的手段。没有人不喜欢赞美，更何况是来自上司的赞美。在工作中，下属能否得到领导的赞同以及赞同的程度如何，往往是其衡量自身价值的尺度。获得上司的赞美，下属就会得到一种自我认同感。

（二）适当的距离

上司与下属彼此相处得非常融洽，自然对工作的展开十分有利。但是凡事都要有度，过分融洽的上下级关系有碍工作的正常开展。假如上司与下属过分亲密，就容易被私人情感所左右，不能比较超脱地秉公办事。而如果不能做到公正地地用人、处世，就会影响集体的积极性，团队的凝聚力必然下降，而且容易被下属“牵着鼻子走”。上司要注意与下属接触的“频率”。作为领导者，不应厚此薄彼影响团体内部团结。在公开场合太亲昵，会给人过于随意和不够稳重的印象。要淡化“私交”，私人关系再好也不应在公共场合展示出来。

（三）恩威并重

想让下属完成工作，首先要给他创造完成工作的条件，如任务明确，给予有力的支持，帮助他事先做准备，提供必要的资源、信息和资料；当下属遇到工作困难时，给予及时的援助。同时对下属的失职行为要严肃处理，绝对不可姑息养奸。采取企业年终考核，奖惩分明。优秀员工实行加薪、晋升、培训、旅游等嘉奖，对没有完成任务的员工采取降级、扣薪、淘汰等惩罚。物质的奖励必须达到一定程度，才能使人心动，才有用。

二、与下属沟通的技巧

要保证决策能够被真正实施，只有与下属形成良好的沟通才能获得。

沟通的目的在于传递信息。如果信息没有被传递到所在单位的每一位员工，或者员工没有正确地理解管理者的意图，沟通就出现了障碍。任何沟通都是“双方”之间的一种交流和联络，包括情感、态度、思想和观念的交流。沟通的目的并不在于说服对方，而在于寻找双方都能够接受的方法，因此，沟通的方式往往比沟通的内容更为重要。

（一）沟通的分寸

注意保持空间的距离，不要让对方产生空间被侵入的感觉。较近的距离可能有利于双方产生好感，但也可能会导致双方的不自在。在沟通过程中，一定要先引起对方的关注和取得对方的信任，避免用命令式语气，也尽量避免用“我”，而要用“我们”来取代，让下属觉得彼此是一体的，为达成共识而努力。在进行沟通的时候，需要体会对方的感受，做到用“心”去沟通。

掌握沟通的时机，要掌握适当的时机进行沟通，不要选在对方忙碌或心烦的时候沟通。如果时机不对，沟通的效果也会不好。

恰当的手势以及肢体语言，在沟通的时候要微笑，发自内心的微笑是成功沟通的法宝。表情和肢体语言所产生的沟通效果比只用语言进行沟通所达到的效果要好得多。

（二）及时反馈

沟通的最大障碍在于员工对管理者的意图理解得不准确或者有误解。为了减少这种问题的发生，上司要对下属的行为及时做出反馈。当员工发表自己的见解时，管理者也应当认真地倾听。当管理者听到与自己不同的观点时，不要急于表达自己的意见，因为这样会使你漏掉余下的信息。在沟通中，关键是要学会倾听，学会做一个好听众，用心倾听，学习了解别人而不是判断别人。在交换意见时，可以了解对方的意思，而对方也能了解自己的意思，把彼此意见的差距逐渐缩小。积极的倾听应当是接受他人所言，而把自己的意见推迟到说话人说完之后。比如，当你向员工布置了一项任务之后，你可以接着向员工询问：“你明白我的意思了吗？”同时要求员工把任务复述一遍。或者，你可以观察他们的体态举动，了解他们是否正在接收你的信息。

（三）因人而异

在同一个组织中，不同的员工往往有不同的年龄、教育和文化背景，这就可能使他们对相同的话语产生不同的理解，因此，在与下属交流时，应采用针对性的语言。另外，由于专业化分工不断深化，不同的员工都有不同的“行话”和技术用语，而管理者往往意识不到这种差别，以为自己说的话都能被其他人恰当地理解，从而给沟通造成障碍。

（四）注意批评的方式

有时难免要批评下属，但一定要注意方式方法。要尽可能避免当众训斥式批评，除非形势所迫，并且带来不可挽回的重大损失。否则，当众被训斥，带来的只能是反感和排斥，甚至产生敌对情绪。就事论事或知道事情原委后的批评是能让人接受的，但应避免说粗口。说粗口不是批评，而是人格的污辱。

职场竞争的细节

现代职场的压力已经越来越大，每个职场人士都有随时被人取代的风险，在这种情况下，就要求我们必须保持一定的竞争力。那么应该怎样看待竞争?

挪威人喜欢吃沙丁鱼，尤其是活鱼。市场上活鱼的价格要比死鱼高许多。所以渔民总是千方百计地想办法让沙丁鱼活着回到渔港。可是虽然经过种种努力，绝大部分沙丁鱼还是在中途因窒息而死亡。但却有一条渔船总能让大部分沙丁鱼活着回到渔港。船长严格保守着秘密。直到船长去世，谜底才揭开。原来是船长在装满沙丁鱼的鱼槽里放进了一条以鱼为主要食物的鲶鱼。鲶鱼进入鱼槽后，由于环境陌生，便四处游动。沙丁鱼见了鲶鱼十分紧张，左冲右突，四处躲避，加速游动。这样沙丁鱼缺氧的问题就迎刃而解了，沙丁鱼也就不会死了。这样一来，一条条沙丁鱼活蹦乱跳地回到了渔港。这就是著名的“鲶鱼效应”。

所以对于职场生存来说，竞争并非是件坏事。你的成功有对手的一份功劳。

一个人如果没有对手，很可能失去追求和奋斗目标。但是如果有了对手，这意味着你有了一颗进取心。想着如何才能把工作做好，才能有向竞争对手学习的愿望和动力。有了对手的存在，就会更加认识到自己的不足，从而去完善自己。对手往往是最了解你，也跟你最像的人，正是由于他们的存在，才让你的职场生涯多姿多彩，让你有了危机意识和忧患意识，从而让你更完美。所以学着去尊重你的对手，向他们学习，你得到的会更多。

在职场中的整个过程都是竞争的过程，而且会越来越激烈。从进入职场开始，就会遭遇到激烈的竞争。过五关斩六将进入了工作单位，但是单位中的资源、机会、可晋升的职位等都是有限的，而期盼着得到这些机会的人却为数众多。在僧多粥少的情况下，只能选择加入到竞争中。可以说，竞争是职场永恒的基调。

面对这样的情况，“化压力为动力”则成为重中之重。有压力才会发现自己的优势和劣势，才会提高自己的工作效率，才会激活自己的潜能。当然，压力要适度，过分的紧张就会加大心理负担，反而会影响工作的正常开展。

一、初入职场阶段，沉稳努力

职场新人因为刚刚步入社会，对周围的一切都不熟知，不清楚如何和人相处，不知道如何处理工作，不知道如何与领导交谈。处在一切从头学习的状态中。然而，只要有不服输的劲头，就一定会迎来柳暗花明的一天。所以，初入职场面对这样或那样的不如意时，千万不要气馁，而要一步一个脚印地慢慢努力，牢牢把握机遇，敢闯敢干，沉稳踏实地向目标迈进。

二、积极进取，永不满足

步入职场两三年，渐渐成熟的职场人最为重要的是加强学习。任何人要想应对时代与环境的变化，就必须随机应变。而要做到以变制变，就需要有积极进取的精神。想要在激烈的职场竞争中立于不败之地，就需要时时刻刻不断学习，以此来提升自己的职业能力，绝不可骄傲自满，裹足不前。不管是受到批评还是获得赞扬，都要警惕、警醒。在鲜花与掌声面前，要看到差距；在困难与挫折面前，要保持信心。不骄不躁，正确认识自身的缺点与不足；保持警惕，虽然在某个领域和阶段取得了成功，可是对于新的环境、新的政策以及新的对手，你依然没有任何的优势可言。只有不断学习，才能在瞬息万变的时代赢得一席之地。所谓“苟日新，日日新，又日新”，活到老、学到老，才能真正在职场做一个强者。

三、找对方法，提高效率

提高效率对于个人来说，意味着在单位时间内刻意处理更多的事情，比别人工作更出色，这不但会在公司之中证明自己的能力，还会让上司对你刮目相看。

想要提高办事效率，就必须减少干扰集中精力，全神贯注。对于很多人来说，集中精力比较难，因为他们容易受到干扰。我们生活在一个复杂的社会群体之中，所以任何人都无法完全避免干扰。

首先，排除杂念，不相干的东西放在一边，不看不想。用多少时间并不重要，重要的是你是否连贯而没有间断地去做。有些问题你应该集中全力去解决，有些问题你可以采用一点一点去做的方式。

成功的作家都认识到集中注意的重要性。现代多产小说家之一、法国侦探小说作家乔治·西默农在写一本书的时候，就把自己完全和外界隔绝开来，不接电话，不见来访的客人，不看报纸，不看来信。正如他说的，生活得像一名苦行僧。在他完全沉浸于写作大约11天之后，他出来了，并完成了一本最畅销的小说。歌德说过：“有一件事是你总能预想到的，那就是不可预见之事。”干扰总会有的，我们应该学习如何对待它。实际上很多干扰是我们完全能拒绝的。

四、韬光养晦

“木秀于林，风必摧之；堆出于岸，水必湍之；行高于人，众必非之。”过于高调容易成为众矢之的，树大招风，因此韬光养晦是一种保护自己的方式。

在职场中，很多人总想着远离是非，以为这样就可以独善其身。可是，职场中的利害冲突很繁杂，只要你人在其中，就不可能不被牵扯进去。所以，一定要懂得保护自己。

很多人天真地相信，只要自己专业能力过人，工作脚踏实地，又不惹是生非，总有一天上司会注意到自己，但最后结果往往事与愿违。因为专业能力不是升迁的唯一决定性因素。一个真正的领导者，需要的不仅是专业方面的能力，管理与沟通能力更是不可或缺。到了职场就有钩心斗角，不论是管理阶层还是普通的员工。这是不上路就让路的残酷游戏。想独善其身的人，几乎没有可能。职场中人人都想升职加薪，但要是过分显露自己对事业或职位的野心，无疑是公然挑衅同事、上司，使同事对你提高戒心，上司也要担心你是不是暗中觊觎他的高位，从而对你百般提防，甚至把你架空、外调。所以你的目标和职业规划一定不要让他人知道。最好的自我保护是称职地做好分内之事，保持卓越的表现，但尽量维持低姿态，不要给别人威胁感。

五、提高自己的核心竞争力

核心竞争力除了学历和各种医疗、法律、会计等证件外，沟通表达能力、文字表达能力、外语能力、数字能力、逻辑思考能力、办公室软件运用能力，都不可被忽视。不论你是工程师还是业务员，都要学会做报告，要懂得如何进行一场会议，要会做基本的企划提案。要能提出新颖的想法，遇到问题要具备分析解决的能力，对外部客户要掌握服务的技巧、具备良好的说服力。在服务业，性格特质更决定了服务质量，多数服务业都希望员工心思细腻、有同情心、有爱心，以及拥有阳光般的热情与亲和力和不厌其烦的沟通协调能力。阅历也很重要，对社会新人来说，包括社团活动、打工实习、校内外比赛、项目研究、海外游学，都是极为有用的历练。而对职场新手来说，对于上司交办的高难度的陌生任务，不可视为畏途，多参加具有挑战性的项目，争取外派出差的机会，能给自己更多的职场历练。

从细节入手积攒自己的人脉

人脉也是生产力，良好的人脉关系是实力积累的表现。往往会在你意想不到的时候给你带来巨大的帮助。30岁以前是靠能力做事，30岁以后则是靠人际关系做事。成功的事业和人生离不开良好的机遇、通达的信息和更高更广的事业平台。而这些，正是由人们30岁之前所积累的人脉带来的。但是，“贵人”不会无端从天上掉下来，所以，平时就要广结善缘。人脉是一种相互牵连的“共荣”关系。当你向别人索取之前首先要学会给予，先有付出才会有回报。此外，人际关系学的另一门功课，在于建立包括与同事、主管、部属、客户的一系列良好关系。就算不是朋友，也不要成为对头，以免卷入复杂的办公室政治中。

一、建立个人的人脉账户

职场的人脉往往带着某种目的，比如获得更多的生意、获取更多的信息、获得更多的支持和帮助。虽然看上去很功利，但的确是我们在职场中所必须的。只要我们本着真诚的态度、谦和的心态、助人的美德，依然可以很好地维护人际关系。人脉如同血脉，四通八达、错综复杂的血脉网络，是人的生命赖以存在的基础。但这一切，都是你平时努力并刻意培养的结果。

在职场里，好的朋友圈子会给你的工作带来积极的影响。遇到投缘的同事时，是否要把这种默契变成更深层次的友谊是一个需要认真考虑的问题，信任是考虑的先决条件。将同事变为朋友是第一步，紧接着需要的是培养在群体中的影响力。这就需要提高你的知名度，你可以借此拓宽交际面，认识不同领域和阶层的人。事先获得他们的信息，然后有选择、有目的地建立你的人脉网络。将这些人脉账户理清，分析人脉从何而来、因何结识，主要领域和主要能力又是哪些。进入职场之后，联系的人会越来越多。而且，随着你阅历和职位的变化，你所结交的朋友也在随之变化。但是以前联系的人并不意味着就不需要再联系，可以与他们保持联络并借此结识更多的人。

想要扩展公司、单位以外的人脉，扩大交友范围，借助“虚拟团队”的力量很重要，即通过社团活动的开拓来经营人际关系。在平常，太过主动接近陌生人时，容易引起对方的反感，会遭到拒绝，但是通过参与社团活动，人与人的交往将更加顺利，能在自然状态下与他人建立互动关系，扩展自己的人脉网络。而且人与人的交往，在自然的情况下发生，往往有助于建立情感和信任。如果参加某个社团组织，最好能谋到一个组织者的角色，理事长、会长、秘书长更好，这样，就得到了一个服务他人的机会，在为他人服务的过程中，自然就增加了与他人联系、交流、了解的时间，人脉之路也就在自然而然中不断延伸。

“大数法则”：观察的数量越大，预期损失率结果越稳定，这是保险精算中确定费率的主要原则。把大数法则用在人脉关系上，就是结识的人数越多，预期成为朋友的人数占所结识总人数的比例越稳定。所以，在概率确定的情况下，要做的工作就是结识更多的人，广泛收集人脉信息，有效运用大数法则来推断分析，评估人脉关系的进展以及存在的问题，从而制订相应的对策，不断改进方法，广结人缘。法国亿而富（Total Fina Elf）机油前总裁，每年都定下目标，要与1000个人交换名片，并跟其中,200个人保持联络，跟其中的50个人成为朋友。他遵循的就是大数法则。其实，职业和事业上的贵人就在身边，关键是要有人脉资源经营的意识，用心寻找，用心经营。

二、冷庙烧香

冷庙平时门庭冷落，如果你很虔诚地去烧香，他当然对你就特别在意，日后有事去求他，自然会特别照应。假如有一天风水转变，冷庙成了热庙，朋友对你还会特别看待的，也不会把你当成趋炎附势之辈。这个世界总是锦上添花者众，落井下石者众，而雪中送炭实在是难能可贵。一朝势弱，门可罗雀，“人情冷暖，世态炎凉。”因此，多结纳些潦倒英雄，是一种最明智的投资。其实英雄落难、壮士潦倒，都是常见的事。只要一朝得志，风云际会，仍会一飞冲天、一鸣惊人的。而人在困顿之中得到的恩惠，寸金之赠、一饭之恩总是会铭记在心，因此有朝一日有事相求的话，他们也一定会鼎力相助，至少不会让你雪上加霜。冷庙烧香其实就是一种未雨绸缪，是一本万利的投资。

三、结识贵人

人们常说命好的人命中会有贵人相助，一位有才之士，遇到命中贵人，最终成就一番大业。这种极富传奇色彩的真实故事在商界故事和人物传记里比比皆是。虽然那些童话般的奇遇可遇不可求，但不得不承认，一些偶然的因素，确实常常改变人们的生命轨迹。有贵人的提携和照顾可以缩短你个人奋斗的时间，对于你事业和人生的发展都大有裨益。选一个你真正景仰的人，而不是你忌妒的人，与他谈你的梦想，他可以据此选择并指出最接近你理想的一条路。主动接近“贵人”，只有让贵人对你的情况有全面的把握，让他有充分的机会了解你，他才能根据这种把握对适合你的发展道路做出正确的判断。拿出主动的精神，对于那些可以为你指引方向的人不要吝于开口求教，以让他体会到你谦虚的品质和真诚的态度，这会有利于你的发展。另外，要知恩图报，饮水思源。这样，有了“贵人”的提携，加上个人的努力，就一定能比别人先登上成功之梯。

四、结交君子，勿惹小人

君子品行高洁，即使和你发生矛盾也会明着解决，你知道他的底线在哪里。而得罪了小人，他是没有底线的，他最擅长的就是背后挖坑使绊子，让你困苦不堪。所以不想惹麻烦的话，就要远离小人。谦谦君子是那种品德高尚的人，小人则是不择手段造谣生事、暗中挑拨、落井下石的人。一旦你得罪了小人，往往会陷入一个又一个灾难。因为小人做事向来不光明磊落，他们会小题大做或者凭空捏造事实，对你暗中下手。

跳槽细节中也有大学问

在职场中几乎没有人一直待在一个公司里，辞职和跳槽已经是职场司空见惯的事情。但辞职前应该怎么做，一定要考虑清楚。

一、主动跳槽的时机

跳槽时间的选择很有学问，要仔细研究自己所在行业、职位的跳槽时机，选择出适合、适当的时间，而不要盲目决定。通常要考虑五大方面的因素：

（一）经济周期

它是指经济运行中周期性出现的经济扩张与经济紧缩交替更迭、循环往复的一种现象。对于参与经济活动最弱小的个人而言，只能去适应这种“经济大气候”，顶多是努力提高自己的适应力和竞争力而已，因此跳槽的时机选择一定要顺时应势，而不要逆势而为，“胳膊是拗不过大腿的”，否则只能是螳臂当车。按照经济学家的理论，经济周期通常分为危机、萧条、复苏和繁荣四个阶段。对于普通人而言，跳槽最好选择在经济复苏或繁荣阶段，除非经济大萧条时期企业倒闭或大裁员的情况。

（二）行业兴衰

一个产业很火爆，却并不是每个从事该领域的公司在任何时候都能赚钱。行业有其自身发展的周期性规律。跳槽时机最好选择在目标行业正在上升的时候，那时将会有更多机会，薪酬也会较高，实为提升自己的有利时机。不要在企业最低谷时跳槽，而选择在企业最辉煌时，其实这时也是自己最成功的时候。

（三）招聘周期

职场招聘每年都有自己的周期，跳槽应该和人才市场需求的节奏合拍。如果没有特殊情况，每年职场都有两个招聘旺季，一大一小，大的就是春节过后2~4月份。各单位都忙着招兵买马，岗位充足；一些上年工作不如意的或者准备通过跳槽得到提升的人开始行动，空缺的职位多，机会自然也多；老板也会去面试新职员，跳槽者也更容易见到大老板，因此春节之后是一年当中最佳的时机。小的旺季应该是9月份前后，在应届毕业生浩浩荡荡的求职浪潮掀动下，一些职场人士也随波逐流，汇合成一股大潮，为跳槽创造了一些良机。在为应届毕业生准备的各种招聘会上，有不少用人单位也趁机选择非应届毕业生。这两个时期，因为有很多人起跳，就会空出一些好职位，选择的机会多，薪酬和职位也容易得到提升。

但是，在这两个旺季里跳槽机会并非均等。

如果在行情启动初期起跳，机会大于风险，而且还能有充分的时间了解新单位、新职位、新老板，万一跳槽之后不称心，还有机会再次选择。在行情末期，虽然看起来空缺职位还不少，但是适合自己的可选择范围已经很小了，风险将大于机会，再回头就可能没有选择的余地了。所以，春节过后第一周或元宵节后第一周开始投简历或参加现场招聘会是最佳时机，小旺季也要在9月前为佳。当然，最不太适合跳槽的季节是年底。因为10月之后人才市场的需求转淡，提供的职位相对较少，这就缩小了跳槽的选择范围，尤其是春节前那段日子，很少单位有心思搞招聘工作，除非万不得已。更何况，没人愿意在年终绩效结算之前走人。

（四）个人时机

个人时机非常重要。唐骏说："不要在低谷时跳槽，要在高峰的时候跳槽。你在顶峰，意气风发，才有能量跳得更远。如果在低谷，你的心态也会低迷，观念也会受到束缚，随便给点钱或者职位，就可能跳了，会越跳越低。"

（五）职业的发展空间

对刚刚毕业的大学生而言，在初入职场的那几年里，主要的任务是学习和提高能力，要薪水能保证自己的生活质量，就不要盲目追求高薪，更多地关注是否可以带来更多的个人职业发展空间。如包括晋升空间、核心竞争力积累等，广阔的发展空间关系到整个职业生涯的发展，好的发展空间能够让你进入更稳健、快速的职业发展道路。是否具有发展空间主要考虑以下几点：

这家公司规模、经营状况、口碑如何；是否与自己长期的职业规划一致；在这个公司能否提高自己的能力；你在这家公司上升的空间有多大；是否有值得投靠的上司或老板；你的理念能否得到公司的认同；你的能力是否能够得到施展。

二、被动辞职的情况

面对公司解聘，我们个人通常都是最后一个知晓的；而公司却早就为此做过周密的计算、细致的部署，确保在合法保护公司利益的前提下安全地清除员工。实际上，更多时候，公司宁愿采用另外一些隐秘的手段，逼迫员工自己离开。在职场，如果处境不妙就不得不提出辞职。

（一）需要辞职的征兆

公司突然把你从重要的岗位调离，你一直承担重要的工作，但现在却派给别的人去做，让你完全接触不到工作的核心，仅以一个"工作需要"的模糊理由来搪塞你的质询。让你不停地加班，却永远得不到晋升、提薪；在特定的时限内，分配给你一些根本无法完成的工作。犯小错却重罚，本来可以提醒注意的小过失，你过去的经历中或者同事都没因这类过失而受罚，但现在却"认真"地处罚你。在绩效考核时，总是得到差评，并经常地受到上司的严厉指责；无视你的存在，忽视你的意见，轻视你的感觉，让你产生严重的失败感。该奖励的事不了了之，按常规该表扬或奖励的成绩，上司却似乎“忘记”了。

如果出现上述现象，说明上司对你不再信任，也不会重用你，甚至想赶你走。对于一些不是“老板”说了算的国有单位，上司可能在用这些办法“温柔”地逼你辞职。

（二）被解雇时怎么办

坦然接受事实。一旦老板决定解雇你，局面已非你的能力所能挽救得了了，因此不论你想花费多大的心思阻止事情的发生，也是徒劳无益的，倒不如坦然接受事实。要有直面困难的勇气，为自己安排后路，为有寻求新的发展机会而自慰。

找到被解雇的理由，或是你工作上出了问题，或是与周围同事没搞好关系，可以加以改正，以免在新的单位重蹈覆辙。

大胆地争取正当权益。如果老板不按解雇政策保障相关权益，应大胆地争取，比如给予一定的找工作时间（工资照发），按合同规定的一些条款执行；还比如是否在工作期间买有医疗保险、失业保险等。

切勿报复和泄愤，如给一些老客户散布对本单位不利的谣言，出卖本单位的内部情报，窃走一些机密材料，这些做法不但对你将来的职业没有任何帮助，甚至会搬起石头砸自己的脚。

三、如何主动提出辞职

一旦作出辞职决定，就应该做好以下事情：

（一）好合好散

不论什么原因离职，旧日的老板都有可能成为你将来的生意伙伴，与他保持良好的关系对自己以后的职业发展有好处。更何况，旧日的老板和自己同处一个行业，如果关系搞得僵，他在行业内散布你的坏话，对你在新单位的影响也不好。离职后如果与前任老板见面，尊重、热情是第一要件。不提往日旧事，表现自然、亲切，会拉近彼此的距离，增进感情，同时又表现出你的大度和职业风度，何乐而不为呢？公正客观地评价老东家，不但有利于树立你自己的职业形象，更重要的是，可以维护老东家的声誉。这样，无论日后你个人的发展如何，老东家都会记得你的良好职业素养，当然有利于你和他们再次打交道时建立良好的关系。

先给领导发邮件，表达近期想要辞职的愿望。辞职尽量不要当面提出，这会让领导在惊讶的同时感到很尴尬。和领导面谈是必要的，但要找对时机。不要在领导心情特别好或者特别忙的时候找他谈辞职的事情。在你看来很重要的离职事件，在领导那里也许并不那么重要。所以，不要在不合适的时候给他添堵。跟领导明确阐明自己会再干一个月，让公司去寻找替代人员，这一点最重要。领导不太担心一个人的离去，但他会担心影响整个公司的运作。而一旦他认为你的离开已经将影响降到最低，自然会对你留有好印象。

在离职前的一个月里不要透露风声给其他员工。如果情况有变化，会很尴尬，也会影响公司的工作氛围。在离职前一周时间，要对同事公布即将离职的消息。因为这个时候，人又会开始犹豫。如果之前经过深思熟虑的决定绝对是正确的，现在的犹豫其实多是情绪使然。所以，借助公布这一行为，可以坚定自己辞职的决心。而且给同事们一周的时间做心理准备，不会显得特别仓促，以免引起大家的猜疑。

（二）做好交接，“站好最后一班岗”

越是临近离职，越要把工作做到最好，这样最容易给领导留下好印象，而且这种评价说不定会传到新老板那里。辞职前期就像竞走比赛中的最后一圈，很多人就是因为轻敌而栽在了这里，使之前漫长的努力都付诸东流。要知道，一个人在职场中的成功不仅需要能力，也需要依靠人脉。一般在跳槽的过程中，新东家都会严格审查你的职业经历，有的公司甚至审查得非常详细，他们会了解你的前任领导和同事是如何评价你的。而如果你没有走好辞职前的“最后一圈”，让前任领导或同事对你评价不佳，那么，你很可能就会在下次求职中遇到磕绊。

在离职时，如果原单位暂时没有合适的人与你办理交接，你必须给原公司足够的时间找人，如果可能的话，最好帮他们找人。离职者与接替的人，在交接期间都还有工作要处理，常常造成交接不完整。甚至有些人已离职到了新公司，还要义务地协助处理旧公司的业务，虽然是很大的负担，但离职者也应积极地配合完成。如果时间和精力上确有困难，也应通过文字的形式把该职位应干的工作、工作的程序、业务联系人等列出清单，以帮助接替人更快地适应工作，也能消除自己离职对单位带来的影响，保持与单位的融洽关系。

（三）保持联系，维护人脉账户

到了新的单位就职，就会重新结交交际圈，但是同原公司的朋友和同事远离并非明智之举。这些人说不定在以后会对你有所帮助，要抽出时间和精力去维护人脉账户中的资源，不要轻易地放弃每一条有价值的资源，否则以前付出的巨大心血就会白费。与老朋友吃顿便饭，相互留下电话，方便的时候问候一下，都有助于你保留与老朋友的友情。

四、“跳槽”求职的技巧

“跳槽”再求职有些特殊性，用人单位除与招聘新人员一样注重各方面的能力外，还特别重视你在原单位的工作情况、人缘关系，以及你跳槽的原因、目的、希望等。针对这种特殊性，对跳槽求职者来说：要突出过去的工作成绩。过去的工作成绩可以反映你的工作水平和能力大小。任何单位都希望调一个工作出色、精明能干的人。

要中肯地说明跳槽动机。在说明跳槽动机时强调自己在原单位工作和生活上的困难，如夫妻两地分居、小孩上学太远、专业不对口等，绝不能让对方感到你在原单位是工作不称职，或是不会处理人际关系。避免把离职原因说得太详细、太具体，太详细就容易暴露出你的很多缺点，还会让自己的谎言“穿帮”。同时，不能涉及自己负面的人格特征，如不诚实、懒惰、缺乏责任感、不随和等。应该把自己在原公司优秀的一面表现出来，用你的优秀去遮挡你的某些缺点。不要说因为薪水低而选择跳槽；不要说因为人际关系不好而跳槽；不要说因为与老板闹矛盾而跳槽。如果给对方造成你是被抛弃者的印象，求职肯定会以失败告终。反之，要是能让对方看到你在原单位正在担负着重要的工作，人家不会轻易放你，感觉是在把你“挖过来”，这样，对你的调入就会感兴趣。态度诚恳，不卑不亢。即使你是冲着钱来的，也要找点诸如“能发挥个人特长”之类的冠冕堂皇的话来。

五、尽快适应新工作

跳槽要面临新的环境，能否快速地适应新工作为今后长期的职业生涯打下坚实的基础，是每一个跳槽者不可回避且要着力解决的问题。在新单位，跳槽者必须拿出百倍的努力，才能更快地适应要求。在准备应聘前就要认真细致地收集有关资料，了解新职业的特点和要求，了解新单位及所应聘的职位，了解他们的业务范围、决策程序、管理制度、企业文化等方面的内容，为尽快适应打下基础。

在工作中尽快熟悉和掌握自己工作的具体任务、工作程序和要求，掌握合作部门和人员的基本状况。努力和上级、和周围的同事建立融洽的关系，以便早日融入到新的组织当中。

细节决定一切　第六章

社交应酬细节助你成功

在人际交往中，社交应酬是不可避免的。如何展现良好的个人形象,在觥筹交错中游刃有余？这要从懂得礼仪开始。俗话说：礼多人不怪，谦逊有礼是个人形象最好的展现，也会给对方留下良好的印象，彰显成功人士的风范。

不仅站坐行走都需要注意，个人形象的标签——服饰更有举足轻重的地位，拜访已经成为重要的社交活动形式，应该注意哪些细节？礼貌待客是中华民族的传统美德，哪些细节需要做到位？繁杂的西餐有哪些关键细节？如何才能优雅地吃西餐？中国的饮食文化历史悠久，因而也形成了一整套的餐饮礼仪，这是中国传统文化的重要部分，如何才能做到不失礼？舞会是一种高级的社交活动，掌握了其中精髓就可以助你在社交场合游刃有余。

站如松，坐如钟

俗话说礼多人不怪，中国素有“礼仪之邦”的美称，这是中华民族世代沿袭的优秀传统。“人无礼则不生，事无礼则不成，国无礼则不宁。”礼仪是人类为维系社会正常生活而要求人们共同遵守的最起码的道德规范，它在人们长期共同生活和相互交往中逐渐形成，并且以风俗、习惯和传统等方式固定下来。对一个人来说，礼仪是一个人的思想道德水平、文化修养、交际能力的外在表现，对一个社会来说，礼仪是一个国家社会文明程度、道德风尚和生活习惯的反映。礼仪包括个人礼仪、社交礼仪、公共场所礼仪和家庭礼仪、商务礼仪、服务礼仪等。

从表面看，个人礼仪好像是一些无足轻重的小细节，但举止言谈是个人文化素养、个人道德品质、教养等精神内涵的外在表现。涉及仪容仪表、言谈举止、待人接物等各个方面，其核心是尊重对方。

孔子说：“君子不重则不威，学则不固”（《论语·学而》）。这是因为，只有庄重才有威严。否则，即使学习了，也不能巩固。具体说来，要求做到“站如松，坐如钟，行如风，卧如弓”，就是站要正，坐要稳，行动利索，侧身而睡。

一、站姿

站姿的基本要求是“站如松”，基本要领是头平正，双肩平，两眼平视，下颌微收，面带微笑，挺胸，收腹，立腰，双肩放松，双臂自然下垂，双手在背后交叉或体前交叉，双腿直立。具体要求：两脚跟靠拢，身体重心主要落于脚掌、脚弓上。脚尖开度为45度至60度，两脚并拢立直，髋部上提。两肩放松，气下沉，自然呼吸。两手臂放松，自然下垂于体侧，虎口向前，手指自然弯屈。腹肌、臀大肌微收缩并向上挺，臀、腹部前后相夹，髋部两侧略向中间用力。脊椎、后背挺直，胸略向前上方挺起。

站姿禁忌：

不要将手插入裤袋或交叉抱在胸前，更不能下意识地做小动作；不可驼背、弓腰，眼睛不断向左右斜、一肩高一肩低、双臂左右乱摆、双腿不停抖动；站立交谈时，身体不要倚门、靠墙、靠柱，双手可随说话的内容伴随些手势，但动作不能太多、太大，以免显得粗鲁；站立时不应东倒西歪、两脚间距过大、耸肩驼背、左摇右晃。

二、坐姿

走到座位前，转身后把右脚向后撤半步，轻稳坐下，然后把右脚与左脚并齐，坐在椅上。要轻柔和缓，就坐时不可以扭扭歪歪，两腿过于叉开，不可以高跷起二郎腿。头部挺直，表情自然亲切，双目平视，目光柔和，下颌内收。身体端正，两肩放松，勿倚靠座椅的背部。挺胸收腹，上身微微前倾。日常手的姿势：双手自然放在双膝上或椅子扶手上。桌面手的姿势：双手自然交叠，将腕到肘部的2/3处轻放在桌面上。坐下后不要随意挪动椅子、腿脚不停地抖动。女士着裙装入座时，应用手将裙装稍稍拢一下，不要坐下后再站起来整理衣服。在正式场合与人会面时，不可以一开始就靠在椅背上。就座时，一般至少坐满椅子的2/3，不可坐满椅子，也不要坐在椅子边上过分前倾。

三、握手

握手是在相见、离别、恭贺或致谢时相互表示情谊、致意的一种礼节，双方往往是先打招呼，后握手致意。握手的力量、姿势和时间的长短往往能够表达出对握手对象的不同礼遇和态度。

一般握手时，一定要用右手握手。时间一般以1～3秒为宜。距离对方约1米，双腿立正，上身稍向前倾，伸出右手，四指并拢，拇指张开，掌心斜向上，向受礼者握手，握住以后上下抖动一两下。握得太轻对方会觉得你在敷衍他；过紧地握手，或是只用手指部分漫不经心地接触对方的手都是不礼貌的。握手的时候面带微笑，眼睛一定要注视对方，如果握手还没完就将目光移至下一个人身上，就是一种轻视。

在一些东南亚国家，如印度、印度尼西亚等，人们不用左手与他人接触，因为他们认为左手是用来洗澡和上卫生间的。如果是双手握手，应等双方右手握住后，再将左手搭在对方的右手上，这也是经常用的握手礼节，以表示更加亲切，更加尊重对方。

服饰的礼仪

孔子说："见人不可不饰。不饰无貌，无貌不敬，不敬无礼，无礼不立。"服饰是一种无声的"交际语言"，透过服饰可以看出一个人的文化修养、审美情趣甚至生活的态度。可以说服饰就是个人形象的标签，无时无刻不在展示着你。"人靠衣装，佛靠金装。"很多时候人们是通过你的着装来认识你的。高超的穿衣品位能更好地帮助你打开人际交往的大门，让你更成功。

一、穿衣的原则有哪些?

（一）TPO三原则

TPO原则，西方人对服饰穿戴提出TPO三原则，即英语中的Time、

Place、Object三个单词的首字母缩写。遵循了这个着装原则就能给对方留下一个良好的印象。

（二）和谐原则

服饰跟画画一样讲究整体的和谐美，其中包括肤色、形体、年龄以及个人的内在精神气质，乃至服饰的面料、款式、质地、色彩、制作工艺甚至出席的场合等。这多种因素的整体和谐共同产生了服饰的美。这也是心理学中的格式塔效应。

（三）量体裁衣原则

衣服一定要与自己的身材和个性相一致，穿衣穿出自己的风格，这样，你就可以引领风尚。服装因不同人的个性气质不同因而也会有不同的选择，其核心在于扬长避短，将服装的气质与个人的气质相统一，让自己的着装成为展示自己形象和个性的风景。

二、服装色彩应该如何搭配？

每种颜色都有自身的视觉特征，所以给人的感觉也不一样。色彩的感觉在一般美感中是最为大众化的，因而着装色彩选择得当及色彩搭配和谐往往能产生强烈的美感，给人留下深刻的印象。在日常生活中，根据礼仪的需要和自己的特点，选择适当的服装色彩并进行合理搭配，是美化着装的重要手段。比如暖色可以给人温暖、热烈、兴奋感觉，蓝色和黑色等冷色容易使人产生寒冷、抑制、平稳感觉。一般喜庆的场合宜用色彩鲜艳明亮的颜色，而庄重的场合则宜用纯度较高的颜色。冷色和深色让人显得苗条，暖色和浅色让人显得丰满，恰当使用可以弥补身材的缺陷。色彩明暗变化的程度的不同，给人的轻重感觉也不一样，一般浅色显得轻而上升，深色显得重而下沉。所以，在着装的时候，一般都讲究上浅下深。

另外，值得注意的是，服装的颜色一般不会超过三种，过多的颜色会显得过于驳杂，显得烦琐而庸俗。

三、如何选择得体的服装款式？

（一）正装，是指在正规的、隆重的场合穿的服装。男士的正式服装主要有西服套装、中山装、制服及民族服装。女士的正式服装主要有西服套裙、旗袍、连衣裙及民族服装。其风格应高贵、华丽、庄重，以显示对所参加活动的重视和对主人的尊重。

（二）工作制服。这是指在工作时间和工作场合必须穿的服装。与工作性质相符，以显示职业身份和方便工作。其风格应实用、简洁、美观、大方。

（三）便装。主要是生活中或外出旅游时穿着，因而较宽松和舒适。

四、男式西装应如何穿着？

“西装七分在做，三分在穿”穿西装是很讲究配套的。三件套包括上衣、坎肩和长裤。它们都用同一种面料做成，颜色和质地也完全一致。三件套在英式、欧式西装中最常见，穿起来有一种正规感和严肃感。非正式场合，可穿单件上装配以各种西裤或牛仔裤等；半正式场合，应着套装，可视场合气氛在服装的色彩、图案上选择大胆些；正式场合，则必须穿颜色素雅的套装，以深色、单色为宜。正规场合还是半正规场合，无论是走亲访友还是坐办公室，穿起来都显灵活，所以，两件套是最受人们喜爱的配套着装方式。

衬衫。穿西服，衬衫是个重点，一般来说，与西服配套的衬衫必须挺直、整洁、无皱折，尤其是领口和袖口。衬衣袖子应以抬手时比西装衣袖长出2厘米左右为宜，衬衣的领子应略高于西服领，衬衫下摆要塞进西裤。如不系领带，可不扣领扣。无论在正式场合，不管是否与西装配合，长袖衬衫的下摆必须塞在西裤里，袖口必须扣上，不可卷起。夏季着短袖衬衫时，一般也应将下摆塞在裤内。

领带。被称为西装的灵魂，凡是正规的场合都应系领带。必须打在硬领衬衫上，要与衬衫、西服和谐，其长度以到皮带扣处为宜。若内穿毛衣或背心等，领带必须置于毛衣或背心内，且衣服下端不能露出领带头。领带选用丝质的为上乘。领带的花色品种是很多的，其中使用较多的是斜条图案领带。这种领带分美式、英式两种，区别在于斜条图案的走向正相反：美式从左上斜到右下；英式从右上斜到左下。穿英、法式西服配英式领带，穿美、意式西服配美式领带，不宜互相错用。领带夹是用来固定领带的，其位置不能太靠上，以从上往下数衬衫的第4粒纽扣处为宜。衬衫的领子式样与领带的结法有着密切的关系，公认的原则是：窄领通常打单结，有领扣的衬衫用准温莎式，宽领衬衫用温莎式。通常情况下，正式场合一般必须系好领带，领带的颜色比较讲究。在宴会等喜庆的场合，领带的颜色可鲜艳一些，但参加婚礼时所系领带，就不应该比新郎的领带鲜艳夺目。参加吊唁活动，一般系黑色或素色领带。

西装纽扣，是西装重要的装饰品，有单排扣和双排扣之分。双排扣西装，一般要求将扣全部扣好；单排扣西装，若是三粒扣子的只系中间一粒，两粒扣子的只系上面的一粒，或者全部不扣。

西装帕饰，须根据不同的场合折叠成各种形状，插于西装胸袋。以熨烫平整的各种单色手帕折叠而成，式样很多，如三角形、三尖峰形、任意形和V形等。将它别插于西装的上衣口袋，可以根据不同场合需要，变化成各种图形。装饰手帕如使用得当，能起到画龙点睛的效果。

此外，西装要干净、平整，裤子要熨出裤线。而且穿西装一定要搭配擦得油亮的皮鞋以及合适的袜子，皮鞋的颜色要与西装相配套。使它在西装与皮鞋之间起到一种过渡作用。

五、女式裙装应如何穿着？

女士在衣着上选择的余地是极为广阔的，除了女性特有的服装之外，许多适合男性穿的服装女性同样也可以去穿，例如西装、夹克衫、牛仔装、衬衫、长裤等。但是女士的衣着之中最能够展现女性魅力的服装是裙子，一条恰到好处的裙子能够最充分地增加女性的美感和飘逸的风采。

着裙装时，应当学会利用裙子的的特点修饰自己的身形来“扬长避短”，完美掩盖自己的不足。假如上身较长而双腿较短，给人感觉重心偏下，不够匀称。这样的体型可以选择上装仅至腰部、裙子长及小腿的裙套装，利用裙装的上短下长，掩盖腿部粗短的毛病。身材高大的女性不宜穿上紧身露背的晚礼服，会给人一种束缚感；身材壮硕的女性不宜穿宽松蝙蝠袖大摆连衣裙，否则会使身材感觉更加膨胀；而身材娇小的女孩儿穿宽松肥大的裙子，会使她显得更加矮小；身材干瘪的女性不宜穿上紧身裙装。要穿着得体，就是要宽松适当，长短适中，裙装造型与体型特征互补互衬。

正式宴请等场合，一般穿裙装，而且至少要长过膝盖，不宜穿长裤，超短裙、牛仔裙均不适合在社交场合穿着，会显得过于随便和不礼貌。在西方的交际场合中一般要求女性穿礼服。女士的礼服有三种。常礼服为质地、色泽一致的上衣和裙子。小礼服为长及脚背但不拖地的露背式单色连衣裙式服装。大礼服为拖地或不拖地的单色连衣裙式服装。其他日常穿着的服装称为便服。在交际场合中女士穿着的裙子至少长应及膝，普通的长裙适用于一切场合，比较正式的场合应当穿西服套裙。选择裙子要注意其厚薄、色彩与质地。在正式场合穿的裙子色彩要华丽一些，质地要好一些，但绝不能近乎透明而使内衣一目了然。领边、肩头和袖口等处也要注意，不使内衣外现。某些女士对胸罩肩带和衬裙边动不动就露出来了毫不在乎，殊不知这是女士着装的大忌。

旗袍是最适宜中国女性穿着的民族服装，它既能最大限度地表现女性柔美婀娜的身姿，又能使女性显得端庄典雅。在涉外活动中，女士穿旗袍参加往往会受到外宾由衷的赞美。旗袍用流畅的曲线造型十分贴切自然地勾勒出东方女性躯体的婉柔美，体现出含蓄凝重的东方神韵。旗袍看上去没有重叠的衣料，没有繁杂的花边，也没有任何不必要的带、与口袋等，简洁明快，干净利落。高领斜襟，是旗袍的神来之笔，折合的领扣，给人雅致稳重的美感。扣襻的斜襟，在胸前划出一条优美的弧线，让人产生丰富的遐想。略微收紧的腰身，将人体映衬得窈窕婀娜。下摆的长长开衩，在严谨中透出轻松活泼，并便于行动。穿上旗袍就要腰挺背直，走姿、坐姿、站姿和谈吐都要保持文静优雅。还应当穿高跟皮鞋，皮鞋款式以轻巧秀气为好，颜色一般为黑色，这样更显高雅而稳重。但旗袍不宜穿黑色的，质地要尽量好一些，开衩不能太高了。

参加婚礼时，不论自己穿上白色或黑色的衣裙多么动人，也最好不要去穿，不然就有同新娘比的嫌疑。而参加葬礼宜穿黑色或颜色柔和的衣裙。作为女主人招待宾客的话，衣着要根据聚会的性质而定。最基本的一条要求是，女主人的衣着应当比女宾的衣着朴素一点，不要企图在这方面去略胜一筹。

拜访的礼仪

一、要事先预约，不做不速之客

“凡事预则立，不预则废。”突然到访不仅不礼貌，而且会给对方的正常工作和生活造成许多不便。事先预定时间和地点，不仅给受访人足够的心理准备时间，而且会让你的到来更加的自然和融洽。如果是一般的家庭拜访，最好将时间安排在节假日的下午或者晚上，避开吃饭和休息时间，不宜过晚，否则会影响对方的休息。而对于公务性拜访需要事先确定参加的人员数量和身份，如有更改应及时通知对方，防止出现不愉快的情况。地点视拜访的具体目的而定。若是公务拜访则应选择办公室或者娱乐场所，若是私人拜访则应选择家里或者娱乐场所。预约时都要用客气的、商量的或恳求的口吻，而不能用命令的口气询问；如遇对方确实忙，分不开身，则说：“没关系，以后再联系。”

二、做好充分的准备

拜访都带有目的性，需要带的资料、解决的事情，如何同对方交谈等，都应该提前安排好。如有必要可以拿出纸笔来做提示性的记录。这样，才能确保你的谈话简单明了、干净利落，给对方留下很好的印象。如果是繁杂的事物，提前将重点整理归纳出来，以保证谈话内容充实，展现出你的干练和效率。原则上拜访应该提前5分钟达到，如果私人访问的话，准时达到即可。出行前要检查自己的仪态是否整洁，“冠必正，纽必结，袜与履，俱紧切”。女士在拜访时，以淡妆为宜。作为拜访者一定要对拜访的地点有所了解，特别是对自己首次去的地方，要提前了解一下交通路线，以免耽误时间。因为只知大概方向，不知具体确切的路线，不了解清楚会影响按时赴约。

名片、礼品要备齐。在拜访前，拜访者一定要把自己的名片准备好，并放在容易取出的地方。同时，还要准备一些礼品，这对于促进情感的交流，增进相互了解有一定的作用。

三、客随主便

不论是在办公室还是住所，进门前都要先敲门或按门铃。敲门声音不需太大，三下即可，得到应允或主人出来迎接后方可进去，即使门开着也要以其他方式让主人知道有人到访。与主人相见后要主动向对方问好，如果初次见面最好简要介绍自己。进门后脱下外套、帽子、手套，对主人的同事、亲友等要主动打招呼问好，如有礼品要及时送上，道别时拿出来就错过了最佳时间。如果主人开门后未邀请进门，就不要擅自行事。进入房间后要跟随在主人身后，主人没有邀请你参观他们的房间或设施时，不应主动提出参观，更不能不经主人许可就到处乱走。到别人家不可乱翻动东西，更不可以随意拉开主人的抽屉、衣柜等，不轻易打听主人东西的价值等，这些行为都被视为不礼貌的表现。入座时，根据主人的邀请，坐在主人指定的座位，如果拜访者身份较高，应待主人坐下或打招呼后再入座。

做客时，态度要诚恳大方，言谈举止要得体，尽量围绕拜访主题，不要让客气话、开场白占去太多时间，同时注意主人的态度和反应。

四、逗留的时间不宜过长

一般30分钟左右，或者办完事后就应该告辞。其他情况如：双方话不投机，或当你谈话时主人反应冷淡，甚至不时看表时，就到了向主人告别的时候，临别前要向主人表达“歉意”，对其的招待表示友好而热情的肯定。如果还有其他客人，即使不熟悉也应“前客让后客”向他们礼貌地打招呼，或说“你们谈”。出门后回身主动向主人伸手道别。主人送你出门，劝主人留步，并主动伸手告别。到出门第一个拐弯处，回头看看如果主人还在目送，应挥手致意，并请其快回家。如果主人发现你“一去不回头”，他会很失望。

接待的礼仪

礼貌待客是中华民族的传统美德，和拜访一样，接待同样可以起到增进联系，提高工作效率，交流、沟通信息的作用，也是重要的社会交往方式。按照接待对象的不同接待可分为：公务接待、商务接待、私人朋友之间接待、外宾接待等。虽然如此，但其本质却大致相同：待客以礼，“主随客便”，都希望客人能乘兴而来、满意而归，使客人有宾至如归的感觉，从而促使宾主双方的关系得到进一步的发展。为达到这一目的，在接待过程中一定要遵循平等、热情、礼貌、友善的原则，达到沟通信息、交流感情、广交朋友的目的。

一、私人朋友之间的接待

在时间、地点确定之后，主人就需要做好准备工作。保持房间清洁，准备一些接待的物品，如香烟、茶叶、糖果、饮料之类。假如想要留客人吃饭，宴请等相关事情也要准备好。对方有带孩子过来的话，需要准备一些孩子的娱乐物品。主人装扮要整洁、自然、大方，服装要得体，过分随意的着装有损个人形象，而且是对客人的不尊重。

（一）亲切迎客

如果客人是第一次来访，或者客人是长辈、师长，为表现对客人的尊重，应根据双方事先约好的时间去迎候客人。比如可以到火车、公共汽车、地铁等的下车地点迎候，也可在居所大门相迎，如果住在高楼里，则应在楼下迎接。在迎候客人时，如果双方事先约好了见面地点，作为主人必须早到几分钟。正点或迟到，对客人来说都是失礼的。迎候客人时，一般应主人亲自前往，必要时还可以请配偶或朋友同去，通常不要请他人代劳，特别是小孩子更不合适，会使客人有被怠慢的感觉。如果是夫妇一同前往，应该女主人在前，如果是长者、贵客来访，应让全家人到门口微笑迎接。接客人时应说一些“欢迎，欢迎”“稀客，稀客”“一路辛苦啦”“请进”“这么热的天，难为您了”等欢迎词和问候语，使客人有受到礼遇、获得尊重的感觉。对熟识的老朋友就不必拘泥于礼节了，相互之间都可以随便些，但即使不外出迎候，只要客人一敲门或按响门铃，就应立即起身开门迎接。

一般情况下，开门迎客时，最好能和配偶或朋友同往，以示对客人的礼貌、尊敬。开门后，主人要先向客人握手，并致问候，然后将客人介绍给配偶或朋友，尤其是初次来访的客人。双方互相握手寒暄行见面礼的时间通常有一分钟就够了。然后主人在前，客人在后，请客人进屋、落座。如果客人脱下外套、帽子等，或随身携带有包袋，主人一定要帮助代为存放。进门处尽量不要摆太多的东西，要保持干净、清爽。给客人穿的拖鞋要事先摆放整齐，如果需要的话，还可请客人换上拖鞋之后再进入客厅，不过对此主人不必过分注重，以免使客人感到拘束。

（二）礼貌待客

待客过程中一定要主动、热情、周到、善解人意。与客人交谈时，要以客人为中心，对客人的谈话要表示出浓厚的兴趣，不能无精打采、心不在焉，或边聊天边看电视、忙家务、打电话等，更不能在客人面前摆架子，爱理不理，冷落了客人。而且对待多位来访的客人要一视同仁，不能厚此薄彼，敬茶、递烟、奉上水果等都要有诚意。

请人到居所做客，交谈是免不了的，且是待客的重头戏。所以交谈的话题不能毫无顾忌，要了解来访者的意图，可以顺应对方的心愿，给人以愉快的感受。最好将谈话的主导权交给对方。作为主人只需做一个好的听客就可以了，无须一个人滔滔不绝。主人要具备与各种不同来客侃侃而谈的本领，就要在语速、音量、遣词用句等方面因人而异。对老年人，用较慢的语速、较大的音量与他交谈，能使对方产生被人尊敬的喜悦感；而与小客人交谈则宜轻言慢语，语调柔和，这样能使小朋友产生安全感、亲切感、信任感。若无法陪客人交谈，切不可出现主人只管自己忙，把客人晾在一旁的情况。可安排身份相当者代陪或提供报纸杂志、打开电视供客人消遣。不要东张西望做出不耐烦的表情。

请客人吃水果前，应请客人先洗手。将洗净消毒的水果和水果刀交给客人削皮。如果代为客人削皮，一般只应削到你的手指即将碰到已削过的果肉为止，剩下的部分最好向客人致歉后请客人自己削掉。上茶的时候，应在客人入座后再取出杯子，当着客人的面将杯盖揭开，杯盖一定要盖口朝上放在茶几上以免弄脏；杯中倒入适量开水，烫片刻后将水倒掉，再放入适量茶叶；斟茶水时，水量以八分满为宜，将杯子盖好；从客人的左边为客人上茶；估计茶叶差不多已经泡开的时候，再为客人续上开水，沏茶时杯盖可以执于右手，如果要放在茶几上，盖口就须朝上，水不应倒得太满。如果客人不止一位时，第一杯茶应给职务高者或年长者。

（三）礼貌送客

当客人提出告辞时，主人应真诚婉言相留；但客人执意要走时，主人要尊重客人的意见。客人未起身前，主人不能主动伸手与客人道别，反之容易造成逐客的印象。客人告别，要帮他们收拾东西以免忘记带走。外套应拿至门口，有时可帮他们穿上。必要时还应为客人或客人的亲友赠一份土特产或纪念品，请客人笑纳。送客要送到门口，若是在大楼，则送到楼梯口或电梯口。如果客人乘轿车，则可送客人上车，目视客人离去后再返回。千万不可在客人未离视线之前关上大门，切忌跨在门槛上向客人告别，或客人前脚走你就“啪”地关门，这是一个很不礼貌也很突兀的举动。如果是送客至车站、码头，则最好等车船开动并消失在视线以外后再返回。送客至机场时，应待客人通过安检处之后再返回。如果有很特殊原因不得不提前返回，也应详细向客人说明理由，请客人谅解，否则都是失礼的。到车站、码头或机场送客时，尤其不要频频看表或表现得心神不宁，以免客人误解你催他快快离开。

二、公务接待礼仪

（一）准备工作

接待来宾之前必须做好接待的准备工作。准备工作通常包括如下内容：

掌握来访客人的情况。例如，客人来访的目的和要求；来宾的人数和个人情况，包括姓名、性别、单位、职务、民族、信仰与饮食禁忌等；来宾乘坐的交通工具以及抵达的时间和地点；来访的任务和行程计划等。

根据客人的情况和要求，制订接待计划。接待计划应当包括接待的规格、日程的安排和经费开支计划等。高规格接待，一般要求领导出面作陪；低规格接待，只需领导出面看望即可；一般规格的接待，则通常采取对等接待，即陪同者与客人职务、级别大体相同；若从发展双方关系的需要出发，可略作变化，破格接待。

接待工作能否顺利展开，接待方案的制订十分关键。包括与客人商讨日程安排；来访客人的基本情况、接待工作的整体布局与分工、活动方式及日程的安排、来访客人的食宿及乘坐交通工具的落实，准备好礼品等。

（二）亲切迎接

迎接来宾必须准确掌握其所乘交通工具和抵达时间，并提前通知全体迎接人员和有关单位。如果情况发生变化，应及时告知有关人员，做到既顺利接送来宾，又不多耽误时间。迎接客人时，要按照接待规格选择合适的人员前去客人到达的机场、车站或码头迎接。接站时如单位有车应带车前往车站、码头或机场候客，同时还要准备一块接客牌，上面写上“迎接X X X代表团”或“迎接X X同志”或“X X接待处”等字样。迎接时要举起接客牌，以便客人辨认。重要的客人应由身份对等的人亲自迎接。迎宾人员必须比客人先到达迎宾地点。陌生的客人到达时，迎宾人员应确认其身份。

对经常见面的来宾，在会客室里静候即可。如果来宾人数较多，主方可以安排几位公关人员在楼下入口处迎接。如果来宾中有级别较高或身份重要者，东道主的高级领导应亲自到门口迎候。迎接来宾时，应在来宾抵达前到达迎接地点，等到来宾的车辆开过来，接待人员要微笑挥手致意。车停稳后，要快步上前，同来宾一一握手、寒暄，表示欢迎。

（三）接待

接待人员对来访者，“出迎三步，身送七步”这是我国迎送客人的传统礼仪。一般应起身握手相迎，对上级、长者、客户来访，应起身上前迎候。同时要说“您路上辛苦了”“欢迎光临”“您好”等寒暄语。对同事、员工，除第一次见面外，可不起身。冷落了来访者是十分不礼貌的行为，如果实在有事不能接待，应安排指定人员接待。认真倾听来访者的叙述，能够做到的事，应当场答复，迅速办理。

（四）礼貌送行

送客人离去时，应当按照迎接客人时的规格礼貌送客。在客人离去之前，可根据需要安排欢送宴会等活动，或请身份对等的领导与来宾话别，并将事先准备好的礼品送给来宾。之后，参照迎客时的规格安排适当的人员，选择合适的交通工具，将客人送到车站、机场或码头。礼貌地说“感谢您的光临”“欢迎您再来”等文明用语。送客的时间一定要严格掌握，要给客人留出收拾东西、打点行装的时间，以免因堵车、道路选择错误等而耽误客人返程。要协助外地客人办好返程手续。要准确掌握外地客人离开本地的时间，以及所乘交通工具的意向，为其预定好车票、机票，尽早通知客人，使其做好返程准备。作为主人，可以为路途远的客人准备一些途中吃的食品。另外，最好由原接待人员将客人送至车站、码头、机场。如果原接待人员因为特殊原因不能送行，应该向客人解释清楚，并表示歉意。

西餐礼仪

现在很多公司都喜欢选择在西餐厅宴请客户，因此了解西餐礼仪已经成为重要的一课。西餐主要是对西方国家，即欧洲各国菜点的统称。西餐以法式、英式、美式、俄式为代表菜式。

西餐大致可以分为二类：西欧式和东欧式。其中西欧式以英、法、德、意等国为代表，其特点是选料精纯、口味清淡，以款式多、制作精细而享有盛誉。东欧式以俄罗斯为代表，其特点是味道浓，油重，以咸、酸、甜、辣皆具而著称。此外，还有在英国菜基础上发展起来的“美式”西餐。若进一步细分，可将西餐分为英国菜、法国菜、俄国菜、美国菜、意大利菜以及德国菜等。

一、餐前准备

在西方，去饭店吃饭一般都要预约，越高档的西餐厅越需要事先预约。在预约时，有几点要特别注意说清楚，不仅要说明人数和时间，而且要表明是否需要视野良好的座位。如果是生日或其他特别的日子，可以告知宴会的目的和预算。在预定时间到达，是基本的礼貌。

首先要考虑宴会规模的大小，根据主宾的情况，列出陪同客人的名单，发出宴会请柬。被邀者赴宴前，应根据请柬要求着便装或礼服。

如果有餐前鸡尾酒，正餐的时间至少应比请柬上规定的时间晚1个小时；若不招待鸡尾酒，晚20分钟就可以。其目的是让那些晚到的客人有片刻的喘息时间。当迟到的客人进入宴会厅时，他必须走到女主人座位前，为自己的迟到表示歉意。男主人领着女主宾最先入席，请她坐在自己右边。正式宴会上，女主人总是最后一位进入餐厅。在西式宴会中，女主人是宴会中真正的主人，在宴会中自始至终扮演着最重要的角色。客人必须时刻注意她的举动，以免失仪。

吃饭时穿着得体是欧美人的常识。去高档的西餐厅男士要穿着整洁，穿西装、皮鞋，打领带；女士要穿套装和有跟的鞋子。进入餐厅，男士应先开门，请女士进入。应请女士走在前面，入座、餐点端来时，都应让女士优先，特别是团体活动，更别忘了让女士们走在前面。

二、座次安排

在西餐中，主宾极受尊重。即使用餐的来宾中有人在地位、身份、年纪方面高于主宾，但主宾仍是主人关注的中心。在排定位次时，应请男、女主宾分别紧靠着女主人和男主人就座，以便进一步受到照顾。在西餐礼仪里，女士处处备受尊重。在排定用餐位次时，主位一般应请女主人就座，而男主人则须退居第二主位。在排定位次时，以右为尊依旧是基本方针。就某一特定位置而言，其右位高于其左位。例如，应安排男主宾坐在女主人右侧，应安排女主宾坐在男主人右侧。

有时又叫面门为上。它所指的是，面对餐厅正门的位子，通常在序列上要高于背对餐厅正门的位子。一般来说，西餐桌上位次的尊卑，往往与其距离主位的远近密切相关。在通常情况下，离主位近的位子高于距主位远的位子。用中餐时，用餐者经常可能与熟人，尤其是与其恋人、配偶在一起就座，但在用西餐时这种情景便不复存在了。商界人士所出席的正式的西餐宴会，在排列位次时，要遵守交叉排列的原则。依照这一原则，男女应当交叉排列，生人与熟人也应当交叉排列。因此，一个用餐者的对面和两侧，往往是异性，而且还有可能与其不熟悉。这样做，最大的好处是可以广交朋友。不过，这也要求用餐者最好是双数，并且男女人数各半。

在西餐用餐时，人们所用的餐桌有长桌、方桌和圆桌。有时，还会以之拼成其他各种图案。不过，最常见、最正规的西餐桌当属长桌。

以长桌排位，一般有两个主要办法：一是男女主人在长桌中央对面而坐，餐桌两端可以坐人，也可以不坐人；二是男女主人分别就座于长桌两端。某些时候，如用餐人数较多时，还可以参照以上办法，以长桌拼成其他图案，以便安排大家一道用餐。

以方桌排列位次时，就座于餐桌四面的人数应相等。在一般情况下，一桌共坐8人，每侧各坐两人的情况比较多见。在进行排列时，应使男、女主人与男、女主宾对面而坐，所有人均各自与自己的恋人或配偶坐成斜对角。

在西餐里，使用圆桌排位的情况并不多见。在隆重而正式的宴会里，则尤为罕见。其具体排列，基本上是各项规则的综合运用，最得体的入座方式是从左侧入座。当椅子被拉开后，身体在几乎要碰到桌子的距离站直，领位者会把椅子推进来，腿弯碰到后面的椅子时，就可以坐下来了。就座时，身体要端正，手肘不要放在桌面上，不可跷足，上臂和背部要靠到椅背，腹部和桌子保持约一个拳头的距离。餐台上已摆好的餐具不要随意摆弄。将餐巾轻轻对折放在膝上。

点酒时不要硬装内行。在高级西餐厅里，会有精于品酒的调酒师拿酒单来。对酒不大了解的人，最好告诉他自己挑选的菜色、预算、喜爱的酒类口味，请调酒师帮忙挑选。主菜若是肉菜应搭配红酒，鱼类则搭配白酒。上菜之前，不妨来杯香槟、雪利酒或吉尔酒等较淡的酒。比较高级的西餐宴会一般要用7种酒，而且每道菜都要跟上1种酒。吃什么菜，配饮什么酒，配用什么杯子，这方面的规定和要求是很严格的。上冷盘时，要饮烈性酒，用烈性酒杯；上汤时，饮雪利酒（Sherry），用雪利酒杯；上海鲜时，饮冰镇白葡萄酒，用白葡萄酒杯；上副菜时，饮红葡萄酒，用红葡萄酒杯；上主菜时，饮香槟酒，用香槟酒杯；上甜点时，饮砷酒，用葡萄酒杯；上水果和奶酪时，一般不需上酒；上咖啡时，饮白兰地酒或利口酒，用白兰地酒杯和利口酒杯。

三、餐具使用

广义的西餐餐具包括刀、叉、匙、盘、杯、餐巾等。其中盘又有菜盘、布丁盘、奶盘、白脱盘等：酒杯种类也比较多，正式宴会每上一种酒，都要换上专用的玻璃酒杯。狭义的餐具则专指刀、叉、匙三大件。刀分为切肉刀（刀口有锯齿，用以切牛排、猪排等）、切鱼刀、点心刀、水果刀和牛油刀。叉分为肉叉、鱼叉、点心叉、水果叉和色拉叉。

匙则有汤匙、甜食匙、茶匙。公用刀、叉、匙的规格明显大于餐用刀、叉、匙。摆放餐具时应注意要将垫盘放在餐席的正中心，盘上放折叠整齐的餐巾或餐巾纸（也有把餐巾或餐纸拆成花蕊状放在玻璃杯内的）。两侧的刀、叉、匙排成整齐的平行线，如有席位卡，则放在垫盘的前方。所有的餐刀放在垫盘的右侧，刀刃朝向垫盘。各种匙类放在餐刀右边，匙心朝上。餐叉则放在垫盘的左边，叉齿朝上。一个坐席一般只摆放三副刀叉。面包碟放在客人的左手边，上置面包刀一把（即牛油刀，供抹奶油、果酱用，而不是用来切面包），各类酒杯和水杯则放在右前方。如有面食，吃面食的匙、叉则横放在前方。

吃西餐时必须注意餐桌上餐具的排列和置放位置，不可随意乱取乱拿。餐具的使用要根据上菜顺序来确定，一般来说，按照西餐的规矩，吃什么菜用什么餐具、喝什么酒水用什么酒杯。正规宴会上，每一道食物、菜肴即配一套相应的餐具（刀、叉、匙），并以上菜的先后顺序由外向内排列，进餐时从左右两侧最外边拿取使用。在桌子上成套的容器中，玻璃类容器全部放在前面的右方，这是因为用右手持拿玻璃杯喝饮料的原因。面包放在左边。左手拿面包，右手将牛油涂在面包上，这是很自然的动作。喝饮料吃面包时，都不要变动容器原来的位置。一旦移动杯子或面包皿，侍应端出菜式时，容器就可能成为障碍，很难摆设了。

用餐中刀叉摆为“八”字形，如果在用餐中途暂时休息片刻，可将刀与叉分放盘中，刀头与叉尖相对成”一”字形或”八”字形，刀叉朝向自己，表示还是继续吃。如果谈话，可以拿着刀叉，无须放下，但若需做手势时，就应放下刀叉，千万不可手执刀叉在空中挥舞摇晃。应当注意，不管任何时候，都不可将刀叉的一端放在盘上，另一端放在桌上。刀叉的摆放方式传达出“用餐中”或是“结束用餐”之讯息。而服务生是利用这种方式，判断客人的用餐情形，以及是否收拾餐具准备接下来的服务等，所以希望大家能够记住正确的餐具摆放方式。特别要注意的是刀刃侧必须面向自己。用餐结束的摆放方式有两种：用餐结束后，可将叉子的下面向上，刀子的刀刃向内与叉子并拢，平行放置于餐盘上。接下来的摆放方式又分为英国式与法国式，不论哪种方式都可以，但最常用的是法国式。尽量将柄放入餐盘内，这样可以避免因碰触而掉落，服务生也较容易收拾。

基本原则是右手持刀或汤匙，左手拿叉。若有两把以上，应由最外面的一把依次向内取用。刀叉的拿法是轻握尾端，食指按在柄上。汤匙则用握笔的方式拿即可。如果感觉不方便，可以换右手拿叉，但更换频繁则显得粗野。吃体积较大的蔬菜时，可用刀叉来折叠、分切。较软的食物可放在叉子平面上，用刀子整理一下。出席结婚餐宴时，不论是否将餐具摆成“用餐中”的位置，只要主要宾客用餐结束，就应立即把所有的料理收起。所以宴会时，切记皆以主要宾客为中心进行。

四、西餐全餐菜单

西餐全餐菜单为：菜和汤—鱼—水果—肉类—乳酪—甜点和咖啡—水果，还有餐前酒和餐酒。吃西餐时，没有必要全部都点，点太多却吃不完反而失礼。稍有水准的餐厅都不欢迎只点前菜的人。前菜、主菜（鱼或肉择其一）加甜点是最恰当的组合。点菜并不是由前菜开始点，而是先选一样最想吃的主菜，再配上适合主菜的汤。

五、餐巾

女主人拿起餐巾时，你就可以拿起你的餐巾，放在腿上。餐巾如果很大，就双叠着放在腿上；如果很小，就全部打开。千万不要将餐巾别在衣领上，也别在手中乱揉。可用餐巾的一角擦去嘴上或手指上的油渍或脏物，但不可用它来擦刀叉或碗碟。弄脏嘴巴时，一定要用餐巾擦拭，避免用自己的手帕。用餐巾反折的内侧擦拭，而不是弄脏其正面，这也是应有的礼貌。手指洗过后也是用餐巾擦的。若餐巾脏得厉害，请侍者重新更换一条。

六、各种菜式的吃法

吃鸡时，欧美人多以鸡胸脯肉为贵。吃鸡腿时应先用刀将骨去掉，不要用手拿着吃。吃鱼时不要将鱼翻身，要在吃完上层后用刀叉将鱼骨剔掉后再吃下层。吃肉时，要切一块吃一块，块不能切得过大，也不能一次将肉都切成块。

面包一般应撕成小块送入口中，不要拿着整块面包去咬。抹黄油和果酱时也要先将面包掰成小块再抹。

在法国，色拉是在烤肉后吃，但在美国却是在烤肉之前或和烤肉一起吃。色拉只准用叉子吃。吃色拉时，右手拿叉，叉尖朝上。通常有一把吃色拉的专用叉子，比吃肉的叉子略小一点儿。如果先上色拉后上肉，就在肉的外侧（肉叉是最大的）；如果先上肉后上色拉的话，色拉叉就放在里侧。

米饭在美国是放在座位左侧的，吃时可以把身体略向左倾，用叉子吃，西方其他国家的米饭也是叉吃的，右手持叉。

任意选择乳酪。高级西餐厅上甜点之前，会送上一个大托盘，摆满数种乳酪、饼干和水果，挑多少种都可以，但应以自己的食量为准。

用叉子和汤匙吃甜点。上甜点时大都附上汤匙和叉子。冰淇淋之类的甜点容易滑动，可用叉子固定并集中，再放到汤匙里吃。大块的水果可以切成一口的大小，再用叉子取食。雪糕的吃法：搭配的威化饼干和指状饼干，是用来缓和雪糕在口里造成的冷冻感觉，但不能因此就把雪糕盛放在饼干上来吃，应该分开来一口一口吃。蛋糕的吃法：用叉子的刃切蛋糕。用叉子叉起蛋糕时，不要把左手放在蛋糕下面准备随时承接，但是叉时注意不要使蛋糕从叉子上掉下来。

喝咖啡时如添加牛奶或糖，添加后要用小勺搅拌均匀，将小勺放在咖啡的垫碟上。喝时应右手拿杯把，左手端垫碟，直接用嘴喝，不要用小勺一勺一勺地舀着喝。吃水果时，不要直接去咬，应先用水果刀切成四瓣再用刀去掉皮、核，然后用叉子取用。

主要的一道菜多半是由男主人端上，尤其是需要切分的鸡鸭或烤肉。问每一个位客人喜欢吃哪部分的肉，你可直爽地告诉他，你喜欢吃肥的还是瘦的，或者哪一部分。吃牛肉由于可以按自己爱好决定生熟的程度，因此预订时要跟着说出自己喜欢的生熟程度。

七、离席

当女主人表示餐宴已经结束时，她就从座位上起立，与此同时，所有的客人也应随着起立；按礼节来说，在女客人起立后，男客人要帮她们把椅子归回原处。在正式的礼交场合，男客人应该围桌谈一会儿话，然后再进客厅与女客人相聚、话别；女宾优先于男宾离席；临走前，男士要帮女士将座椅归位。所有的宾客都应该在离开前向主人的盛情款待表示感谢。享受过宴会的美食后，你要用电话或邮件、面谢等方式及时再次感谢主人。

中餐礼仪

中国的饮食文化历史悠久，《礼记·礼运》有云：“夫礼之初，始诸饮食。”在民以食为天的中华民族，饮食礼仪自然成为饮食文化的一个重要部分。文献记载表明，在周代，我们国家的饮食礼仪已粗具大型，自成体系。饮食文化是我国文化遗产的重要组成部分，八大菜系，各有特色。有如此悠久的饮食文化历史，自然也派生了很多餐饮礼仪和礼节，这些也是中国传统文化的重要体现。

宴请宾客是一种较高规格的礼遇，具有很重要的礼仪作用，主办单位或主人一定要认真、周到地做好各项准备。宴请程序一般包括以下流程：

一、餐前准备

首先根据宴请的目的、对象、范围、形式等确定宴会方案。选择的地点以环境幽雅、卫生条件良好、交通方便为宜。正式的宴会一般都会用请柬发出邀请，以示郑重。请柬书写应清晰、打印精美。通常提前一周左右将请柬发出，太晚则不够礼貌，也不便被宴请者提早安排。为了确保在宴请时赴宴者及时、准确地找到自己所在的桌次，可以在请柬上注明对方所在的桌次，在宴会厅入口悬挂宴会桌次排列示意图，安排引位员引导来宾按桌就座，或者在每张餐桌上摆放桌次牌。

标准的中餐大菜，上菜的次序都相差无几。通常先是冷盘，接下来是热炒，随后是主菜，然后上点心和汤，最后上果盘。在宴请前，主人需要事先对菜单再三斟酌。在准备菜单时，主人要着重考虑哪些菜可以选用，哪些菜不能用。中餐特色菜肴或本地特色的菜肴、餐馆的特色菜、主人的拿手菜可以优先考虑。另外，还必须考虑来宾的饮食禁忌，特别是要对主宾的饮食禁忌高度重视。如：穆斯林通常不吃猪肉，并且不喝酒；国内的佛教徒不吃荤腥食品，以及葱、蒜、韭菜、芥末等气味刺鼻的食物；心脑血管病人不能吃狗肉；肝炎病人忌吃羊肉和甲鱼；英美国家的人通常不吃宠物、稀有动物、动物内脏、动物的头部和脚爪等。

二、座次安排

“面门为上”“以右为尊”“以远为上”。通常以面对房门的座位为上座，应让之于来宾，以背对房门的座位为下座，宜由主人自己就座。这里所说的右和左，是由面对正门的位置来确定的，宾主双方面对正门并排就座，以右侧为上，应请来宾就座；主人坐左侧。这里所讲的远近，是以距离正门的远近而言的。此外，如果来宾较少，居中为上，来宾居于中央，体现对其的重视。通常距离主桌越近，桌次越高；距离主桌越远、桌次越低。在安排桌次时，所用餐桌的大小、形状要基本一致。除主桌可以略大外，其他餐桌都不要过大或过小。

宴会的席次安排以礼宾次序为主要依据。按国际惯例，主桌上男女交插安排，以女主人为尊，主宾在女主人右上方，主宾夫人在男主人右上方。客人落座后，主人要按时开席。出席宴会的客人，延误时间不能超过半小时，否则是失礼行为。

三、餐具使用

中餐的餐具主要有杯、盘、碗、碟、筷、匙六种。在正式的宴会上，水杯放在菜盘上方，酒杯放在右手边。筷子与汤匙可放在专用的座子上，或放在纸套中。公用的筷子和汤匙最好放在专用的座子上。酱油、醋、辣油等作料应一桌数份，并要备牙签和烟灰缸。宴请外宾时，还应预备好刀叉，供不会使用筷子的人使用。

筷子是中餐中最常用的餐具，因而在悠久的中国饮食文化中关于筷子的禁忌也很多。使用筷子的礼仪主要有：中餐中最主要的进餐用具是筷子，主人为了表示盛情，在请客人用膳时一般要说有“请动筷”“别停筷”。在平辈或比较熟悉的朋友之间，一般有横筷礼。小辈为了表示对长者的尊敬，必须等长者先横筷后才能跟着这么做。按现在用餐的礼仪，一桌中先吃完的不应先收拾碗筷，要等全桌人都吃完后再一起收拾，也就是古代横筷礼仪的延续，表示“人不陪君筷陪君”。

进餐过程中，如果需要使用其他餐具时，应当先放下筷子。可以用筷子帮助勺子取用豆子或软冻食物。使用筷子时要忌“八筷”即：舔筷、迷筷、移筷、扭筷、插筷、掏筷、跨筷、剔筷。筷子不要在菜肴上乱挥动；不要用筷子穿刺菜肴；筷子不要含在口中；筷子夹菜时不要让菜汤滴下来；不要用筷子去搅菜；筷子不要放在碗上。当你已经举起筷子，但是却突然不知该吃哪道菜时，最好收回筷子，考虑好后再伸出去。将筷子在各个盘子的菜中来回移动或在空中游弋而不下手，是令人难堪的举动。用筷子敲击桌面和碗碟是很不雅观的，也不要用筷子来推动碗、盆和杯子。把筷子随意乱舞或是用筷子指着他人都是很不礼貌的。不要把筷子竖插在装有食物的碗或者盆子上，因为用筷礼仪中有这条忌讳。

筷子不要放在盘子或杯子上，应当要放在专用的筷子架上，否则容易碰掉，有事需要暂时离席或者休息的时候，不能把筷子插在碗里，也应将其轻放在筷架上；每次夹取食物用筷子，要轻拿轻放，避免发出响声。

如果酒足饭饱不再需要进食，可以将筷子横搁在面前的碟子上，作为示意。

勺子的主要作用是舀取菜肴、食物。有时用筷子取食，也可以用勺子来辅助。尽量不要单用勺子去取菜。用勺子取食物时，不要过满，免得溢出来弄脏餐桌或自己的衣服。在舀取食物后，可以在原处“暂停”片刻，汤汁不会再往下流时，再移回来享用。暂时不用勺子时，应放在自己的碟子上，不要把它直接放在餐桌上，或是让它在食物中“立正”。用勺子取食物后，要立即食用或放在自己碟子里，不要再把它倒回原处。而如果取用的食物太烫，不可用勺子舀来舀去，也不要用嘴对着吹，可以先放到自己的碗里等凉了再吃。不要把勺子塞到嘴里，或者反复吮吸、舔食。

食碟的主要作用是用来暂放从公用的菜盘里取来享用的菜肴的。用食碟时，一次不要取放过多的菜肴，也不要把多种菜肴堆放在一起，以免“串味”。不吃的残渣、骨、刺不要吐在地上、桌上，而应轻轻取放在食碟前端，放的时候不能直接从嘴里吐在食碟上，要用筷子夹放到碟子旁边。如果食碟放满了，可以让服务员更换。

酒杯分为红酒杯和白酒杯。喝酒的时候，一味地给别人劝酒、灌酒，特别是给不胜酒力的人劝酒、灌酒，都是失礼的表现。

四、用餐中的小细节

用餐时要注意文明礼貌。如席间有外国人，不宜反复劝菜，更不能为对方夹菜，可向对方介绍中国菜的特点。热情过度反而会让人反感。

客人入席后，不要立即动手取食，而应待主人打招呼，由主人举杯示意开始时，客人才能动筷子或刀叉。一次夹菜也不宜过多，细嚼慢咽，用餐的动作要文雅，不要发出声音。吃完的骨头和鱼刺可用餐巾掩口，用筷子取出来放在碟子里。不要吃掉在桌子上的菜。如果需要为别人倒茶倒酒，要记住“倒茶要浅，倒酒要满”的礼仪规则。

使用汤匙时食指在上，按住匙柄而拇指和中指在下支撑。滑溜的食物要用小匙羹盛装。吃饭要端起碗。应该用大拇指扣住碗口，食指、中指、无名指扣碗底，手心空着。不端碗、伏在桌子上对着碗吃饭是非常不雅观的。

当主人或其他客人讲话、敬酒时，应停止进食，专心恭听。饮酒时，要注意礼仪，不要逼酒、灌酒。在宴会进行中，不要猜拳行令，要控制一些失态行为，如打喷嚏、打饱嗝、吐痰等。

用餐前的湿毛巾只能用来擦手，擦手后应该放回盘子里，由服务员拿走。有时候在正式宴会结束前的湿毛巾只能用来擦嘴，却不能擦脸、抹汗。

与渔家、海员吃鱼的时候，忌讳把鱼翻身，因为有“翻船”的意思。

如果宴会没有结束，但自己已用好餐，不要随意离席，要等主人和主宾餐毕先起身离席，其他客人才能依次离席。宴会应适时结束，使双方尽兴，给大家留下最美好的回忆。主人同主宾及客人亲切话别，如有礼物互赠时，应认真对待赠礼与回礼。当众赠送的礼物，应统一规格，以免产生误会。主人应亲自送客出门上车。

舞会礼仪

舞会是一种高级的社交活动，是集娱乐性与交际性于一体的一种高雅活动。这是一种无声的语言，可以将不同国家、不同民族、不同肤色的人沟通起来，是锻炼身体、陶冶情趣、培养感情、交流信息的重要场所，也是最有号召力、最受欢迎的社交聚会。

一、舞会筹办礼仪

舞会礼仪涉及多方面的内容，大体可分两方面：一是舞会的策划和主办者应注意的礼仪问题，涉及举办舞会的目的、主办单位与主持人的确定，舞会的规模、时间、场地、音乐等，

制定舞会筹备方案：确定舞会的规模和参加的人员安排相应的舞伴，以免舞伴比例失调；确定举办舞会的时间、场地；确定舞会室内装饰，增添舞会隆重、喜庆气氛；准备舞曲，各种风格、节奏的最好都有一些，将快慢节奏的舞曲穿插安排，使舞会有节奏、有起伏，有条件的舞会最好请乐队现场演奏；做好接待工作，选好舞会的主持人和招待服务人员，准备好招待的食品、饮料。

二、舞会的参加者礼仪

（一）舞前准备

在仪容方面，有条件的人都要根据个人的情况，进行适度的化妆。作为

男士，一定要头发干净，衣着整洁。在舞会上，通常不允许戴帽子、墨镜，或者穿拖鞋、凉鞋、旅游鞋。应邀者热天参加舞会前要洗澡，以免汗气熏人，让对方不快。男女上舞场最好往身上洒点香水。参加舞会前饮食要合理，过饥、过饱都是不适宜的。不要饮酒和吃葱蒜之类的食物，以免产生异味影响对方。应事先刷牙漱口，清除口中的异味，必要时可准备一些口香糖之类的食品。在较为正式的民间舞会上，一般不允许穿外套、军装、警服、工作服。可以穿格调高雅的礼服、时装、民族服装，衣着可华贵些，可以佩戴饰物，但要注意得体。男士可着其他礼服。女士服装忌讳过露、过透、过短、过小、过紧。如果应邀参加的是大型正规的舞会，或者有外宾参加，这时的请柬会注明：请着礼服。接到这样的请柬一定要提早做准备，女士的礼服在正式的场合要穿晚礼服。近年也有穿旗袍改良的晚礼服，既有中国的民族特色，又端庄典雅，适合中国女性的气质。小手袋是晚礼服的必需配饰，手袋的装饰作用非常重要，缎子或丝绸做的小手袋必不可少。晚礼服一定要佩戴首饰。露肤的晚礼服一定要佩戴成套的首饰：项链、耳环、手镯，晚礼服是盛装，因此最好要佩戴贵重的珠宝首饰，在灯光的照耀下，首饰的光闪会为你增添光彩。男士的礼服一般是黑色的燕尾服，黑色的漆皮鞋。正式的场合也需戴白色的手套。

（二）如何邀请舞伴

正式的舞会，第一支舞曲是主人夫妇、主宾夫妇共舞；第二支舞曲是男主人与女主宾，女主人与男主宾共舞。接下来，男主人须依次按照礼宾顺序，邀请第二、第三位男宾的女伴共舞，而这些女士的男伴应同时邀请女主人共舞。男宾也应主动邀请女主人和主人方的其他女士共舞。

男女结伴参加舞会，依惯例第一支舞曲应一起跳，舞会的最后一支舞曲，如有机会两人也应同跳。但是整个舞会，同跳应以两次为限，不能够两人从舞会开始一直跳到结束，而应有意地交换舞伴，以扩大自己的交际面。通常由男士去邀请女士，不过女士可以拒绝。此外，女士亦可邀请男士，然而男士却不能拒绝。邀请舞伴，可先向被邀请者的同伴含笑致意，然后再彬彬有礼地询问被邀请者：“能否有幸请您跳一次舞？”女士受到邀请后，一般应马上起身，同邀舞者一起步入舞池共舞，而不应傲慢无礼。舞曲结束时，男士应将女士送回原来的座位，并说声："谢谢，再会。"然后离去。如果自觉直接相邀不便，或者把握不是很大时，可以托请与彼此双方相熟的人士代为引见介绍，牵线搭桥。拒绝别人应在说明原因时使用委婉、暗示的托词。例如"抱歉，已经有人邀请我了""我累了，需要单独休息一会儿""我不会跳这种舞"。需要注意，一旦已辞谢邀请后，一曲未终，不要再与别的男子共舞。而拒绝男士以后，女士也不要马上接受其他人的邀请。

步入舞池时，须女先男后，由女士选择跳舞的具体方位。而在跳舞的具体过程中进行合作时，则应由男士带领在先、女士配合于后。上场时，男士应主动跟在女士身后，让对方来选择跳舞地点。下场时，不宜在舞曲未完之际先行离去。男士可在原处向女士告别，或是把对方送回原来的地方再离开。

舞姿要标准，动作要协调，跳舞时要保持身体端正，双方胸部应保持30厘米左右的距离，不要太近或太远。男士应右臂前伸，右手轻扶住对方左侧的腰部，左手使左臂以弧形向上与肩部成水平线举起，掌心向上，拇指平展，将女伴的右掌轻轻托住。女士的左手轻轻地放在男士的右肩上，右臂弯屈举起，手指并拢，手掌掌心向下，轻轻搭在男士的左手上。旋转时，膝盖应自然放松，步伐不要超过本人平时的自然跨度，并注意重心的转移。男士不要把女士的手握得太紧，或把右手掌心向内地全贴在女士的腰上，也不要旋转时把女士扯来扯去；女士不要把头俯靠在男士的肩上，或双手套在男士的脖子上，更不要跳贴面舞。跳舞时，万一不慎碰撞或踩踏了对方，应自觉地向对方道歉。跳舞时，还要注意神态和表情，应面带微笑，自然大方，既不要过于严肃，面容凝重、呆板，也不要目不转睛地凝视对方，否则易引起误会和反感。即使是夫妻或热恋中的情侣，在舞会上也不应过分亲昵，在社交场合这样做是不礼貌的。

细节决定一切　第七章

夫妻相处的细节

至亲至疏夫妻，夫妻可以是全世界最亲密的人，也可以是最疏远和隔膜的人。好的婚姻需要经营，和谐的夫妻关系需要夫妻双方的共同努力，只有这样，婚姻才不会成为爱情的坟墓。夫妻更多的是相濡以沫，一个微笑、一个眼神中体现的是浓浓的关爱。夫妻间想要举案齐眉，就需要彼此互相尊重和包容，因为家并不是一个讲理的地方；再亲密也要给对方留下属于自己的空间；更应该保持信任和沟通，而非胡乱猜忌、伤害彼此；要避免无休无止的唠叨；处理好与家人的关系；夫妻间难免会吵架，遇到问题时要就事论事，切忌翻旧账。

好的婚姻需要经营

在现代社会的家庭中，夫妻关系是家庭关系的核心，其好坏直接决定家庭的幸福和孩子的成长。若想有一个完满的家庭和理想的婚姻，就需要好好经营。婚姻需要经营，经营得当，夫妻和谐，生活美满；经营不善，夫妻反目，伤痕累累。

相爱容易相处难，婚姻不是爱情的终点站，只是一个里程碑而已。尼采说：爱情最大的悬念在于婚姻之后。在婚礼上每对新人想的都是白头偕老，然而现实生活明确地告诉我们，愿望，特别是美好的愿望总是一厢情愿。幸福的家庭是用心经营出来的。当花前月下的恋爱让位给柴米油盐的婚姻；当浪漫甜蜜的情话让位给一日三餐的生活；当相思成灾的眼泪让位给每日相守的平淡时，如何才能不使婚姻成为“爱情的坟墓”，使婚姻的“围城”成为一座幸福和谐之城呢?

有一天，柏拉图问苏格拉底什么是爱情。苏格拉底就让他先到麦田里去摘一棵全麦田里最大最金黄的麦穗来，其间只能摘一次，并且只能向前走，不能回头。柏拉图于是按照老师说的去做了。结果他两手空空地走出了田地。老师问他为什么摘不到? 他说；因为只能摘一次，又不能走回头路，就算是见到最大最金黄的，因为不知前面是否有更好的，所以没有摘；走到前面时，又发现总不如之前见到的好，就这样错过了最好的那一个。老师语重心长地说：这就是“爱情”。

后来，柏拉图又问什么是婚姻。老师叫他到树林里，砍下一棵全树林最大最茂盛的树。同样只能砍一次，只可以向前走，不能回头。这次，他带了一棵普普通通，不是很茂盛，亦不算太差的树回来。老师问他，怎么带这棵普通的树回来，他说："有了上一次经验，当我走到大半路程还两手空空时，看到这棵树也不太差，便砍下来，免得错过后最后又什么也带不回来。"老师说这就是婚姻。

两个来自不同的家庭环境、成长背景的人走到一起，难免会有大大小小的不同，更何况两性之间本来就存在着许多差异，女性多比较感性、理想主义；男性则多为理性、现实主义，他们更崇尚力量，崇尚成功，天性与运动和竞争更为接近。我们需要用心经营，才能将爱留住，学会真正的相濡以沫。婚姻是一个漫长的过程，它不是永恒，它随时有可能坍塌；它很脆弱，更需要彼此的精心照料，用心去浇灌、去滋润，而不是单纯地把它交给时间，让时间去检验它的"花期"，或者任由其自生自灭。

雷斯登用赞美的语言写道："一个美满的婚姻，乃是新生命的开始，也就是快乐和幸福的出发点。"真正的婚姻是有甜有苦、有笑有泪的。婚姻是否美满，关键是要靠婚姻中的双方精心经营和用心呵护。如果日子过于平静，婚姻则潜藏着危机；如果日子过于吵闹，婚姻则会走向死亡。经营一份幸福的婚姻生活，那要看两个人的性格兴趣、磨合理解，尤其是互相担待的程度。如果能求同存异，相互谦让，那必是甜美的幸福婚姻，能让人心情轻松，努力工作，享受快乐；反之，那则是痛苦的婚姻，会令人痛苦不已，并产生心理负担，萎靡不振。

一、正视婚姻中出现的矛盾

男人来自金星，女人来自火星，生理上的两性差别和社会规定的两性角色差别，使得男人和女人长期以来一直分属两个不同的世界。婚姻打破了这两个世界的隔绝的状态。可是共同的婚姻生活中，难免习惯于把自己原来所属的那个世界，留恋单身生活，很难从内心真正接受角色的变化。因此难免会出现一些矛盾， 这是婚姻发展的必然规律。有时这种矛盾会导致对爱人的"重新"认识，如果夫妻双方能共同解决婚姻中的矛盾，反而能使他们的爱情与婚姻更加稳固。正因为婚姻矛盾是普遍现象，所以英国在六百多年前曾经颁布过一条法律："凡有人在大庭广众之中宣誓，并且努力做到在一年之内不和妻子吵嘴，决心一辈子不后悔结发婚配，就可以从国库中领到一条火腿。"这条法律是根据当时英国婚姻矛盾非常普遍这一情况而制定的。1984年10月1日在一次居民集会上，尤里洛·加菲尔郑重宣誓在一年内决不和妻子吵架，并且承诺一辈子不因结婚而后悔。1986年，英国司法部门派专车把一只用英镑包装的火腿送到了贝尔法斯特岛的居民尤里洛·加菲尔的家里，以嘉奖他做到一年不与妻子吵架。这条法律实施至今已经有662年了，可是包括加菲尔在内，仅仅只有9个人领到过这项"火腿奖"。上牙还有打下牙的时候，何况夫妻之间？新婚夫妻容易出现的矛盾主要有以下几种情况：

（一）双方了解不够充分

虽然男女双方在恋爱过程当中总有一定程度的了解，但这种了解也是很有限的，"情人眼中出西施"，热恋中的男女总是自觉或不自觉地把对象理想化、偶像化。热恋中的人只看重对方的长处和优点，即使对方有缺点也是微不足道。而婚后，审视对方就可能会走向另一个极端。婚后，当生活恢复了平淡后，附着在他们身上的瑰丽色调就会消失殆尽。而恋爱时那些刻意隐瞒的缺点会暴露，还原出本来的面目，无限的包容也会变成无法容忍，而这些势必会波及夫妻的情感生活，并进一步在言行中表露出来。

（二）理想与现实的矛盾

每个人都希望自己的婚姻生活美满幸福，但是对现实婚姻中存在的矛盾和困难估计不足，因此会造成巨大的心理落差。对于婚后夫妻生活中的恩爱程度、尊重情况、平等值、心理相容和互相谅解等方面，每个人都会有一个愿望或者称为想象，婚前这些愿望即使定得还算合理，婚后的现实也往往达不到，因此，失望的情绪也就随之而来。

（三）心理准备不足的矛盾

两个生长在不同的家庭环境，经历、习性不同的人，一旦组成一个新的家庭，环境变化势必带来心理上的不适应。婚后随着来往和接触的频繁，由日常生活的小事引发的矛盾也就随之而生了。如不及时解决，这种矛盾就会发展和激化。例如，丈夫应酬多晚上回家太晚、婆媳关系、经济纠纷、家务琐事等，一旦出现矛盾，就会使人烦乱，给两人世界带来危机。维系一项长久亲密关系的精髓，在于相互理解、承担义务、尊重信任，以及具有幽默感。通常在一个良好的亲密关系里，彼此均能相互信赖、关怀、体贴、深情、敏感、包容，能够同甘共苦，也允许不完美的存在。同时，最忌讳的是一方过度地以自我为中心。

二、解决矛盾的方法

完成磨合拥有幸福的婚姻生活，需要双方共同的努力。

（一）充分的心理准备

要对婚后的人生之途上的曲折坎坷有足够的认识，要把经济问题、性格习惯问题、生儿育女等各种困难，考虑得更全面一些，放低期望值尽快适应人生中这一关键性的变化，正视现实，脚踏实地。

（二）努力适应对方以及学会适度忍让

忍让是一把搞好新婚夫妻关系的钥匙。婚后双方都会在个性、习惯、嗜好等方面有新的或满意或不足的发现，只有正视这些发现，尽量做到求同存异，相互适应，相互忍让，相互尊重，才能逐步使矛盾向有利的方向发展。

（三）尽快完成心理适应

在生活习惯、持家方法、性生活及双方的工作、思想、性格、志趣等方面由不适应到适应，由独乐到同乐，在共同生活中发展亲密、和谐、健康的夫妻关系。

夫妻双方不管是自觉地适应对方，还是主动地改变自己，都必须建立在平等、理解、尊重的基础之上，任何一方都不能以出身、学历、才能、职业、名望、容貌、经济收入等方面的优势，而轻视、贬低、侮辱或压迫对方，夫妻之间只有在心理上真正实现平等，才能在行动上自觉体现平等。

三、经营婚姻的原则

在婚姻中要维持爱，巩固爱，发展爱，唯有用爱的心来浇灌。这就需要我们学习婚姻的艺术。

明确婚姻不是个人行为，仅仅体现一个人意志的婚姻是难以维系的。婚姻需要的是相互尊重和平等。婚姻是生活方式和生存手段，而不是生活目的。若是以为结婚可以万事休，婚姻就会变为爱情的坟墓。夫妻是人生旅途中某一段路程的伴侣。不是从一而终的所有者，也不是匆匆而去的过客。婚姻是如人饮水，幸福感也因人而异，很难有个绝对的统一标准去衡量，更无须跟他人去作比较。婚姻不是生意更不是战争，没有谁可以真正地赢过谁，斗争的结果是两败俱伤。

家不是讲理的地方，要学会尊重和包容

两只羊同时要过一座独木桥。窄小的独木桥上，只允许一只羊过去。就这样，两只羊在桥中间相遇，谁也不肯让步。它们角对着角，为了过桥而打起来，结果它们一起落到桥下的急流里，丧了性命。婚姻就像过独木桥，夫妻双方本该开始是朝着同一个方向前行，但在一起生活的时间长了，摩擦和冲突让夫妻变成了相反方向的两只羊。如果互不相让，争吵不休，就只能两败俱伤。所以请谨记：家不是讲理的地方。

只有各自退让一步，婚姻才能前进一步。婚姻是两个自由体之间自愿结盟，唯有在相互信任、相互理解、相互包容的基础上才能谈如何去经营婚姻，如果说离开了这个原则，就无法拥有高质量的婚姻。夫妻双方保持心与心的交流，制订一致的目标，寻找共同的话题，培养共同的兴趣，定期参加一些共同的活动，建立相互信任、彼此尊重、和谐宽松、相互独立的夫妻关系，有助于婚姻的稳固。

从理论上看，几乎所有人都认为爱情是婚姻是否存在的决定性因素，但是在实际生活中，真正破坏婚姻的罪魁祸首根本就不是爱情本身，而是婚姻生活中点点滴滴不值一提的小事。这些事情的微小几乎让我们无所察觉，可最后它们却破坏了历尽千辛万苦才构建起来的婚姻。

当彼此产生分歧时，应该主动查找自身不妥之处，主动地去适应对方的思想和处世方式。这样，经过一段时间的磨合，夫妻之间就会找到一个新的平衡点，关系也会趋于稳定。当然这不是一朝一夕的事情，需要多年的努力。可以说，夫妻关系是一个相互磨合适应的过程，而不是一个谁改造谁的过程。

一、不要去改造对方

改造对方听起来是一项特别有成就感的工作。在“与天斗，与地斗，与人斗，其乐无穷”的热情中，改造大自然、改善我们的生存环境是人类正在为之奋斗的事业。当然改造一个人不容易，但包容一个人却易如反掌。许多人终其一生想改造对方都毫无成效，然而当用缄默尝试包容对方的时候，幸福却意外地到来了。

夫妻间难免会有磕磕绊绊，但是“夫妻间哪来隔夜仇？床头吵架床尾合”。当矛盾不可避免时，就一定要把冲突减小到最低的程度，将大事化小、小事化了，学会包容和忍让。忍是一种明退暗进，更是一种蓄势待发。在一些无关大局的小事上忍让并不妨碍所谓的尊严和面子，反而对方会因为你的大度而心生感激。《说文解字》中写道：“忍，能也。”忍，确实是有能力、有雅量、有修养的表现，它是积极的、主动的、高姿态的。婚姻中多一些忍让和包容，家庭就会和谐幸福。

经营婚姻是需要心智和体力的工作，好的婚姻，应该是相互成全，双方都在各自的人际关系、经济基础、生活空间与事业版图中有所上升和提高。无论两个人是因为什么而走到一起，不管是青梅竹马，还是千里姻缘，都是一种缘分。老人常说“十年修得同船渡，百年修得共枕眠”，都值得好好努力和珍惜。

在生活中，如果妻子发牢骚，丈夫绝不能采取“以牙还牙”的态度，而应有“宰相肚里能撑船”的气量，不计较妻子的话说得难听或不符合事实，而要多想妻子平时对自己的恩爱，过后再找机会向妻子说明原因，这样，就可以避免“冲突”。但宽容也是有原则的，并不是一味地忍让，而是不要斤斤计较，付出就索取回报。从对方的角度考虑问题，不要把自己的想法强加于人，要给对方解释的机会。

二、给男人留面子

男人最在意什么？面子！男人需要有面子，男人也最怕失去面子。男人大都很爱面子，尤其是在公共场合里，男人都会把自己的面子看得高于一切。女人要赢得男人的尊重，就要学会给男人留面子，如果你的丈夫是个事业有成的男人，你要给予信任，不要一天到晚只关心男人的行踪，甚至连他正常的交往都要详细询问。这样男人的自尊心会受到很大伤害，他会感到没有一点自由的空间。如果他瞒着你做了什么，只要不涉及原则问题大可不必刻意去揭穿他，更不用和他拼命；就算你洞悉一切，仍然可以傻傻地笑着说，我只是担心你。特别是有第三方在场的时候，你给他留足了面子，他一定会心存感激，感激你的包容和护佑，会把你当成同盟，当成分享秘密的另一方，这种唾手可得的甜蜜可不要将它弃掉。想要白头偕老就要注意每一天的生活细节里的行动，在日常生活中学会宽容。

在任何时候，给男人面子，不是让女人委曲求全，而是要给男人体面的自尊。这样既有助于家庭和睦，同时还会使你得到男人更多的关心和体贴。男人在外打拼，劳累、委屈他都可以不在乎，但他不能失去男人的尊严。确实，只要不违背原则，女人可以暂时委屈一下，给男人一点面子又何妨呢？常言说：量大福大。大度的女人也更令男人加倍地尊重你。对于一个家庭来说，首先要有“欢乐气氛”。如果丈夫的潜力没有发挥出来，女人就应该给他创造一个发挥潜力的环境。作为妻子，指责或是挑剔都是不应该的，因为面子对于男人来说可能是在社会上立足较为重要的东西。面子，在某些时候对于女人来说并不难，只要不损害男人面子，在某种程度下，女人自己也会得到好感和尊重。一个得理不饶人、咄咄逼人的女人，家庭必然不会欢乐和谐。

要坚持内外有别的原则，不能在他人面前损害丈夫的自尊心。在家里待客时，妻子要注意约束自己的言行，避免使用命令的口吻对丈夫说话，或做有损于丈夫威信的事情。在社交场合，妻子更要注意自己的身份，不宜喧宾夺主，还要把握自己的言行，甘当绿叶，要让丈夫更体面、更洒脱一些，防止把在家里习惯性的做法拿到场面上来让丈夫难堪。与别人说话时，妻子不要揭自己丈夫的短面子。这些无论对于丈夫的交际形象和他的工作还是对于家庭的和睦，都是有益的。

另外，要大力宣扬老公的光辉事迹。如果他是一个爱做家务活的好老公，一定要让他再接再厉，稳定成绩，大力弘扬，让亲戚、邻居、同事都知道他是个模范丈夫，一见面就夸他。这样，一来给足了老公面子，二来对他更是一种鼓舞和鞭策。

亲密有间，给对方属于自己的空间

1910年，82岁的托尔斯泰离家出走，后病死在车站。对于其出走原因，众说纷纭。然而事实上，托翁出走的真正原因与日记有关。自从结婚开始，托尔斯泰就为从此不再能独享日记的秘密而深感不安了。他曾写道：“自从我要了我所爱的女人以来，这个簿子里写的几乎全是谎言——虚假。一想到此刻她就在我身后看我写东西，就减小了、破坏了我的真实性。”托尔斯泰与夫人围绕日记展开了旷日持久的战争——坚守与要看，直到托翁出走。

托尔斯泰并非两面三刀或老奸巨猾或笑里藏刀之人。但是，不管谁即使去面对一个如何亲近的人仍旧没有面对自己时坦荡平易。所谓“亲密无间”只适用于儿童，当一个人成长懂事意识觉醒后，他就需要拥有一个属于自己的空间了。这个空间是一块禁地，有的人用“日记”表达，有的人用“独处”释怀，绝对“透明”的人是没有的。人类的精神家园里，隐私深藏于灵魂深处。如此，就导致了距离。

夫妻是最亲密的人，结婚后朝夕相处，就应该完全地占有彼此，最好毫无嫌隙，否则就意味着欺骗与背叛，其实这种想法并不可取。虽然已结婚，但双方仍是作为一个独立的个体，有权保留自己的隐私，更不意味着对方有权知道自己的一切，所以两个人一定要给彼此留一定限度的自由空间。如果一味厮守，绝对占有对方的时间甚至思想，不能满足彼此单独活动的需要，无疑会伤害对方的情感。挨得太近，就会受伤；离得太远，又会难以适应，这就是所谓的刺猬效应，距离产生美。

每个人有权选择自己的活动圈子，有权与自己喜欢的人交往，包括异性朋友。要求自己的伴侣只和同性朋友交往，是不现实的，也是不可能的，而且最忌讳的是胡乱猜疑自己的伴侣与其他异性的交往。在处理对方与异性交往的问题上需要把握一个度，既不能让自己的伴侣觉得你不关心他（她）的生活，也不应该让他（她）感觉到有一种被监视的感觉，这种艺术需要每个人在实践中自我学习和完善。

婚姻情感专家米尔斯夫人曾说过这样一句话：“夫妻之间，第一件应学的事情就是不要干涉彼此快乐的特殊方式，只要那些方式不激烈地与自己相冲突的话。”所以要亲密要有“间”。这并不是说要刻意疏远对方，而是你要能让家庭成为一个亲密生活的共同体的同时，又能任由他自由地发展，这样的婚姻关系才是生机勃勃、令人心情舒畅的。

一、给双方独处的时间

不少女人每天都绞尽脑汁地要管住男人，下班后不许东游西逛，必须立刻回家；酒不能多喝，烟不能多抽，女性朋友则是绝对禁止；每月工资如数上缴，出差随时查岗……然而，男人天性爱自由，虽然希望得到女性的关爱，同时也还希望不受拘束。如果没有独处的时间，会让他们感到压抑，忍不住想逃。因此，如果想维护婚姻，倒不如适当地给丈夫留一些独处的时间。倘若他喜欢写私人日记，喜欢发展个人爱好，或者喜欢交朋友，甚至是异性朋友，只要做得不过火，你就任由他去吧。如果你能够尽心促成这些事情，在丈夫眼里，你必定是一个善解人意、通情达理的女人！

另外，可以尝试一种“婚内分居”来为婚姻保鲜，可以让再次相处的双方激情陡增，爱情的感觉更加新鲜刺激，家务琐事降至最少，生活乐趣涨至最高点。当然，婚内分居并不适用于所有人。如果彼此有很重的依赖心理的话，这种方式大可不必，反而会给双方的工作、生活、情感带来不必要的困扰。而当夫妻关系冷淡、紧张时会造成更深的隔阂，婚姻的纽带转为脆弱，适得其反。

总之，激情总会过去，等婚姻进入一个稳定阶段时，你要懂得亲密有“间”，给对方适当的自由，这是保证婚姻和谐美满的最基本前提。不过，其间分寸的把握、方式的选择都是因人而异的，最好不要一概而论，否则婚姻关系又将走入另一种无“间”了，这也是要不得的。

人是最不善结盟的动物，在关键的时候，还是要更多地承担自己。好的爱情要像弹簧一样有韧性，拉得开，但又扯不断。两个相爱者互不约束对方，是他们对爱情有信心的表现，谁也不限制谁，到头来仍然是谁也离不开谁，这才是真爱。巴尔扎克说过，在人类的智慧中，关于结婚的知识懂得最晚，因此关于婚姻的话题也就最多。婚姻就其实质而言，既有避风港的一面，它又是一个自我磨炼的沙场。婚姻并不是游戏，而是长久的牵连维系，必须双方都具有成熟的性情、坚实的内涵，才能平平稳稳地走下去。绝大多数男女走进婚姻的根本目的绝对不是为了寻找距离，而是为了满足一种归属感。谎话和秘密容易加大夫妻间的距离，使夫妻之间产生隔阂。在处理夫妻关系问题上，最重要的一点是把握好“度”，夫妻间应做到既有适当的“透明度”，又有适当“隐秘区”，这样，才能使夫妻关系保留一点神秘感，增加双方的吸引力。

在婚姻中，制造距离永远是一种手段，追求信任、亲密才是婚姻的最终目的。婚姻，如人饮水，慢慢摸索最舒适和安全的相处方式。

二、保留自我

当今女性更注重保留一份感情空间，用来爱自己。她们心中的隐秘不愿对家中成员说，也有封闭这部分感情的权利。行动也是有一定空间的，业余时间不单单同恋人、家人在一起，还要到各种社交场合、社会活动场所。

当然，给丈夫保留一份自我空间也是非常必要的。在日常生活中常常会出现这种情况：妻子总希望丈夫能待在自己的身边，丈夫并不愿意，虽然妻子给了丈夫可口的饭菜，给了丈夫许多温存和女性的美感，丈夫仍感觉不到十分欢愉，相反，他们会感到空虚、无聊。妻子“粘”得越紧，丈夫的这种感受就越浓。 一个丈夫需要妻子给她一定的空间去享受他的某些嗜好，做妻子的没必要担心他去追求别的女孩或被别的女孩所迷惑，只有那些对单元式的小家庭生活感到厌倦的丈夫，才会出轨。丈夫偶尔在周末离开家出去打保龄球，或是与一群男孩玩玩扑克，他们就可以因此而获得这种独立的感受。有些丈夫喜欢在闲暇时将自己关在书房里，静静地待一会儿；有的喜欢研读一本惊险小说；有的喜欢将自己的车子仔仔细细地检修一番。不管你的丈夫将这些快乐的自由时间做什么安排，只要他不因为某种嗜好变成恶习，妻子如果能尽量满足他，那么这个妻子就是最聪明的妻子了。

在家庭中女性是最无私的。当我们走入家庭，家庭就成为我们的全部。丈夫和孩子的利益高于一切。每当自己的利益与丈夫和孩子的利益相冲突时，被牺牲掉的总是自己。即使有委屈，擦掉眼泪之后，还是会无怨无悔地为他们服务。

天长日久，丈夫和孩子对你的不断牺牲习以为常。他们不觉得你所做的一切是一种牺牲，仅仅把它们当作是你的习惯和喜好，会理所当然地认为你做这一切都是应该的。如果你把自己定位在一个奉献和牺牲的位置上的话，久而久之虽然男人在嘴上把你当作老婆和母亲，可是在现实中你只是他的保姆。

这个时代，已经找不到一只保险箱，可以让女人钻进去后风雨不侵。所有的得到都是相对的，都要靠自己的实力来维持，而不是靠牺牲。

家庭不会因为你的牺牲而变得幸福，因为你也是这个家的一分子，你牺牲自我换来的其他家庭成员的幸福，是一种没有根基的幸福。家庭的幸福源自于每个家庭成员的幸福和快乐。并不是如你所想象，你一个人的牺牲就能成全另一个人或两个人的幸福。你的忘我地付出，忽视自我，只会让丈夫越来越漠视你；你的不在意穿着保养，只会让丈夫离你越来越远；你对孩子细致入微的照顾，只会让孩子娇纵顽劣。

一个女人为家庭牺牲是无可厚非的，但是你必须确认自己的牺牲是有价值的。否则，牺牲就成为一种纯粹的牺牲，而不是对幸福的追求与向往，也不会对婚姻与家庭的稳固产生多么良好的意义。很多中年女性有抑郁、烦躁、歇斯底里等心理情绪问题，严重的甚至需要去看心理医生，影响了婚姻生活。原因之一就是因为她们不会享受生活，不懂得调适自己的心情。

所以，女性可以偶尔突破常规，要为自己做点什么，在爱家庭之前，首先要爱自己；在为家庭付出的时候，也要为自己付出。不要忘记，你还有事业，还有朋友，最重要的你还有你自己。

从家庭中抽出一部分时间、精力和金钱，对自己好一点。其实，对自己好，就是对丈夫好。当丈夫带着漂亮的你出席商务宴请，别人惊羡的目光会让你的丈夫信心百倍。你对自己好，就是对孩子好。当你出席完家长会，同学对你的孩子说：你的妈妈真有气质。这是你给孩子的另一种荣耀。

不要总是把自己封闭在家里，为家庭做这做那，却从没想过要为自己做点什么。做一些自己喜欢的事情，比如年轻女孩子喜爱的十字绣、拼拼图，不一定要告诉丈夫。爱好不但会让你快乐，而且还会增添你的魅力。

平日里，也可以约三五好友，小聚一下，畅谈生活，稳固自己的朋友圈子，不要因为把一切的精力都投入到家庭中，而忽视了自己的朋友。当朋友们邀你一起游玩的时候，请你一起去聊天喝茶的时候不要拒绝，如果一味拒绝，久而久之朋友们也就渐渐疏远了。朋友圈子窄了，当你感到寂寞，找不到一个可以倾诉的人的时候，又会抱怨自己活得太累。丈夫听到这样的抱怨就皱眉头，反而离你更远，形成一个可怕的恶性循环。

不要把钱全存起来养家，或许这是你的美好愿望，但老公和孩子并不领情。丈夫要的是一个漂亮的老婆，孩子要的是一个漂亮的妈妈。为自己投入一份金钱，花些钱给自己买衣服和化妆品，即使没有漂亮的脸蛋和骄人的身材，也是可以打扮得赏心悦目的。买化妆品、衣饰，去健身、做瑜伽、到美容院做美容、去旅游可以让你更年轻，更有活力，心情也更舒畅。

学会关心自己、关怀自己，享受家庭的快乐。

切莫猜疑，保持信任与沟通

一、信任与猜忌

法国著名哲学家、思想家卢梭曾说过："一对彼此信任的夫妇能经得起一切灾难的袭击。当他们过着穷困的日子时，他们也比一对占有全世界财富的离心离德的夫妻幸福得多。" 莎士比亚的名著《奥赛罗》中描写了国王的女儿苔丝德蒙娜冲破家庭和社会的重重阻力，同奥赛罗这样一个出生卑贱、肤色黝黑的将军结婚，婚后的生活十分美满。然而，奥赛罗部下一个军官尼亚古出于卑鄙自私的目的，编造谣言，制造陷阱，挑拨他们的夫妻关系，使奥赛罗对忠诚纯洁的妻子产生了猜疑之心，在一个漆黑的夜晚竟用被子把苔丝德蒙娜活活闷死了。后来，奥赛罗知道了事情的真相，追悔莫及，自刎于妻子脚下。

如果你的另一半不信任你，宁愿相信那些无中生有的捏造和空穴来风的中伤，甚至是朋友之间的玩笑，却不相信你千百遍的解释和表白，那么，你的心里一定满是沮丧，你会觉得你在你爱人心目中的地位还不如一个朋友重要。那种失落感会让你心痛得无以复加，甚至用最不能让他忍受的方式来回击你爱人对你的抱怨和指责。爆发冷战，最终导致以离婚收场。由于不信任而导致的悲剧，在生活中屡见不鲜。保持和珍惜爱情是终身的事，而毁灭爱情则发生在瞬间。夫妻之间有一股自发的内聚力，而猜忌正是对这种内聚力的破坏。

1840年，法国的拿破仑三世与西班牙伯爵的女儿于金尼喜结良缘。当时许多人都不看好这段婚姻，他的顾问就指出，她不过是一位地位并不显赫的西班牙伯爵之女，但拿破仑三世却不以为然，她的高雅、青春及迷人的美貌完全征服了他，他甚至在一篇皇家公告中宣称，即使全国人民反对，他也绝不后悔。"我已经爱上了一位我所敬重的女士，"他说，"我从未见过她这样的女士。"

于是他们结婚了，于金尼当上皇后，这对新婚夫妻拥有他人妒忌的一切：财富、权势、美貌、爱情、景仰，可以说是一对神仙眷侣。然而好景不长，很快新婚的甜蜜与浪漫就被现实的熄灭。拿破仑三世全身心的爱和全法国的财富，以及他的皇帝的权威，都无法阻止这个女人的唠叨和挑剔。

由于忌妒和猜忌，于金尼根本无视拿破仑三世的命令，甚至不许他有一点儿个人的隐私。有时正当他处理国务时，她会冲进他的办公室；当他正在讨论重要事务时，她也会进来干扰。她担心如果让他一个人独处，他就会和别的女人鬼混。

而且她经常去她姐姐那里，埋怨自己的丈夫如何不好。每次她总会唠唠叨叨，又哭又闹，还会说些威吓性的话。她还会强行冲进丈夫的书房，大发雷霆，不顾一切地辱骂丈夫。拿破仑三世虽然贵为法国皇帝，拥有无数财富，却没有一处安身之地。于金尼这样做的结果是什么呢？下面就是答案：

引用莱哈德的巨著《拿破仑三世与于金尼——一个帝国的悲喜剧》来说吧："从此以后，拿破仑三世经常在三更半夜，在一个亲信的陪伴之下，从一个小侧门悄悄地溜出去，头上戴着小软帽，遮住双眼，真的去找一位正在等他的美貌女士。或者是去游览巴黎这座古老的城市，欣赏神仙故事中的皇帝也见不到的街道美景，呼吸本来应该拥有的自由空气。"

不错，于金尼是坐在法国皇后的宝座上，于金尼也的确是全世界最美丽的女人，但在她的猜忌中，美丽和尊贵都不能维持爱情。于金尼失声痛哭，说："我最害怕的事情终于发生了。"当你最害怕什么的时候，你害怕的东西就会来得越快。

信任是维系夫妻间感情的纽带，只有彼此尊重对方，相信对方的人格，包容对方的缺点，把对方的命运真正与你的命运相结合，才能获得完全的信任。也只有完全信任对方，家庭才能稳定，幸福才会随之而来。

生活中不乏因猜疑而毁掉生活的事例，因此，在婚姻生活中应设法克服这种不正常的心理现象。具体应当做到：

（一）不要做无谓的主观臆测

在婚姻生活中产生猜疑心，一个重要的原因就是不断给自己强加一些毫无根据的消极自我暗示。解决的方法就是多和对方交流思想，交心才能知心。人们常说："长相知，才能不相疑；不相疑，才能长相知。"这话是很有道理的。在爱情生活中，只有做到襟怀坦荡，开诚布公，才能相互信任。

（二）增强自信，给自己积极的心理暗示

当你毫无根据地不断怀疑时，要让自己从错误的思维中脱离出来，告诉自己："我信任他（她）""也许是我弄错了""他不是那种人"等，以打破自己的怀疑。如果有必要，可做一点调查，以澄清事实真相。

（三）不要轻易相信别人的挑拨

夫妻间的不信任都是由别人的挑拨开始的。所以，一旦有了流言蜚语，不要轻易相信，要选择相信自己的爱人，要冷静分析。生活中确实有些人怀着不同目的去说一些不利于夫妻关系的话，有些亲朋好友出于好心，但是你要做的不是立即抱怨和指责，而是静下心来，仔细考虑是否对方有这种可能，自己哪些地方做得不够好。马上发飙只能毁掉你的婚姻和幸福。冷静分析以后，仍然难以解除猜疑，那就应该及时同恋人交换意见，但一定要注意方式方法。如果发现对方确实神情异常，言语也有悖逻辑，再作计较。有了猜疑却长期闷在心里，与对方冷战，只能让对方感到莫名其妙，结果既解决不了问题，还可能使矛盾进一步扩大甚至会恶化，于人于己都不利。

在猜忌中度日，往往得不到幸福，也失掉了幸福的过程。婚姻是以感情为基础的，需要责任来维系，而要将婚姻经营得成功，彼此的信任是关键。

既然选择了对方做爱人，那么委他以信任，其实就是信自己。用信任的眼光来看待彼此，用信任的心来理解彼此，你会享受一个平和甚至幸福的婚姻过程。相反，婚姻中，用猜忌的眼光来看待爱人，那么爱人身上便布满了瑕疵，用怀疑的眼光来看待婚姻中的行为，一切行为都扭曲了，婚姻已经不是本来的面目。猜忌让人耗尽心机、疲惫不堪，甚至成为家庭战争爆发的导火索，导致两败俱伤、伤痕累累。猜忌让你失去自信，失去对爱人的信任，也失落了幸福的体验。婚姻很脆弱，经不起无尽的猜忌和试探。信任，可巩固家庭，亦会无声地挽救家庭。如果足够的信任亦唤不回一颗逝去的心，那么不如放手，系一颗心在不值得信任的人身上，不值。女人，要幸福，就不要猜忌。猜忌，是婚姻中的魔鬼！

二、沟通的时间要求

评价婚姻质量的一个重要指标是婚姻沟通。婚姻沟通是指夫妻怎样相互传递感情、态度、事实、观点及明确问题之所在的过程。沟通中30%是通过言语来完成的，而70%是通过倾听、沉默、面部表情、姿势、触摸等其他一些非言语的符号来实现的。婚姻沟通与夫妻的心理健康关系非常密切，甚至可能关系到一个家庭的命运。有学者发现，沟通不良及不能把配偶当成知己的夫妇更容易出现心理问题，尤其是妻子表现得明显。

婚姻中沟通的失败在许多问题家庭中是普遍存在的。沟通障碍可出现在许多方面，如传递的信息内容不明确，表达信息的方式不恰当、不直接，还有的是说话时的音调、语气使人不愉快。有的夫妻则是缺乏沟通，虽然同处一室却旁若无人地各做各的事，把对方当作空气，彼此都感到紧张和压抑，最终渐行渐远。甚至婚姻冲突有增无减，双方都可能出现烦躁、易怒、心慌、失眠等神经症症状，对夫妻的身心健康造成极大影响。因此，在婚姻中，良好的沟通将有益于你的身心健康。

（一）怎样进行有效沟通

1. 倾听比倾诉更加重要

“没有不良的婚姻，只有不良的沟通。”在沟通中不要急于表达自己的意见，不论你听到什么，也不管对方所表达的内容是对是错，先别急于辩驳或指正，从而忽视了对方的情绪和想法，造成了各说各话的局面。不妨站在对方的立场上，用心去了解对方所表达的意思。这不仅要求一方认真听对方说什么，还要理解对方所说的话的真正含义，注意其手势、表情、声调、身体语言，然后给予适当而简短的反应。比如“我了解你的感受”“原来是这样的”“你是说……这个意思吗”，或是点头让对方感受到被尊重和被接纳。一定要关注对方的情绪，善于控制并调整自己的情绪，主动地爱抚对方或愉快地接受对方的爱抚，细心观察并了解对方的要求，揣测对方的心理，说话做事选择对方喜欢的方式。如果找不到对方喜欢的方式，至少要选择对方可以接受的方式，引起对方愉悦，而不是使对方产生不快之感。这种爱的因素会促使双方情感交融，达到爱的和谐。

2．善用第一人称

夫妻在表达自己的不满时往往会用指责和抱怨的口气说话，“你不能这样……”“你就不能……”“你以为你……”这样的表述容易引起对方的逆反心理，使矛盾激化。不妨改为“我觉得……”“因为……”就没有那么强势，可以让听者有较大的心理空间来思考你所说的话，用第一人称说话也表示说话者想要平心静气地解决问题，减少对方的反感。

3．说出自己的真实感受和想法

尽可能把自己的感受与期待清晰明确地表达出来，阐述得简单、具体、明确，不争是非对错。这样，不但有利于释放自己真实情绪，也可以让对方知道你到底要什么，重视你的问题，这样的沟通才有效。

4．冷静而平和

不要使用侮辱性、指责性的语言，沟通的目的在于解决问题，改善不和谐的夫妻关系，而不是压倒对方。使用侮辱性和伤害性的语言会让沟通变为谩骂和指责，适得其反。不妨用鼓励、包容的态度去看对方，放下内心的不快与戒备，增进感情。

（二）不能随便对爱人说的话

1．“你从不”或“你总是”

这是指责和抱怨的话语方式，当你对伴侣感到生气时，就会以这种方式来发泄内心的不快，给对方的行为定性进而“判刑”。但是对于婚姻关系的改善以及问题的解决都于事无补，反而会让对方的自尊心和积极性大受打击，你们的关系也会降至冰点。

2．轻易不能说离婚

离婚并非儿戏，不到万不得已绝不可说出来，更不能用作威胁的手段。除非经过深思熟虑，并已经决定你是真地想要离婚，否则说出这样的话就是大错特错。

3．“那不是我的活。”

没有多少经验做某事和不能做某事之间有很大差别。例如，有些丈夫从来没有做过煮饭、洗衣、换尿布这样的事，因为他们从小到大一直接受的是那些是“女人的活”的教育。然而，事实上是男人也能胜任这些工作。婚姻中的分工没有必要那么死板，如果妻子病了，有一段时间不能够料理家务，丈夫就应该投入进来，尽全力充分发挥自己的作用。同样的原则也适用于妻子。如果在职丈夫丧失了工作能力，妻子也要学着去分担。在婚姻中的角色分工越灵活，就越容易应付日常生活以及出乎意料的挫折。

4．“你为什么不能像……”

这是一种批评、否定伴侣的方式。如果你想要伴侣做某事，运用直接但不冲撞的方法。例如，如果你想要他更加合群，你可以说：“我真的很喜欢我们能跟朋友一起多出去玩玩。”或者，“你有这么多有趣的观点，如果你能和我们的朋友分享，我会很高兴。”不要拿配偶片面的缺点和别人比较。在婚前要瞪大眼睛，婚后就要闭上眼睛，既然选择了他就应该接受他的全部，包括优点和缺点。

5．“等一会儿”或“我试一试”

这是用一种间接的方式拒绝，是一种消极抵抗的形式，最终这种方法会产生愤怒。如果伴侣让你做你不愿意做的事情，不妨开诚布公地告诉对方你的感受，共同协商解决的办法。

远离无休止的唠叨

一、妻子，请停止无休止的唠叨

从男人的角度来看，唠叨是一种间接的、无休止的、否定性的提醒。它提醒你还有什么事没有做，或提醒你还有什么缺点。而这种提醒总是发生在傍晚，也就是男人最想放松一下的时刻。女人越唠叨，男人就越发寻找各种借口躲避，没有人愿意被唠唠叨叨地指责，男人一旦遭受到唠叨，就会把女人一个人晾在那里，让她满腹委屈；而她越被冷落，唠叨就越发变本加厉。

女人之所以唠叨，是她希望丈夫能认识到他的“错误”，从而积极地改正。即使不能使对方承认自己的错误，至少也能让他不再继续这种行为了。女人知道自己是在唠叨，但这并不意味着她喜欢唠叨。唠叨对她不过是达到目的的手段而已。

林肯一生的不幸不是被刺杀，而是他的婚姻。死亡往往不是最痛苦的，反而是每天的无休止的唠叨让他困苦不堪。根据他律师事务所合伙人荷恩所描述的是“婚姻不幸的苦果”：几乎有四分之一世纪，林肯夫人唠叨着他，骚扰着他，使他不得安静。她老是抱怨这，抱怨那，老是批评她的丈夫，他的一切，从来就没有对的。她抱怨他走路没有弹性，姿态不够优雅；她模仿他走路的样子取笑他，要他走路时脚尖先着地。他的两只大耳朵，成直角地长在头上的样子，她不喜欢。她甚至还说他鼻子不直，嘴唇太突出，手和脚太大，而头又太小。他们夫妇简直格格不入，在教育、背景、脾气、爱好以及想法方面，都是相反的。林肯夫妇刚结婚的一天早晨，正在吃早饭的林肯不经意间惹怒了太太。林肯夫人在盛怒之下把一杯热咖啡泼在丈夫的脸上，当时还有许多其他房客在场。这样的唠叨、咒骂、发脾气，使林肯深悔不幸的婚姻，尽量避免和她在一起。

对于女人来说如果你要维护家庭生活的幸福快乐，请记住：绝对不可以无休止地唠叨。

二、丈夫，学着体谅妻子的唠叨

（一）唠叨是一种发泄

生活在男人和女人面前绝对是不同的，女人眼里的生活更繁杂、琐碎和细致。妻子必须把很多事情放在心上，有序地安排好，如果你的妻子兼顾着工作和生活，她会有更多的烦恼和压力。唠叨是她最便捷的发泄途径，把心里的烦恼说出来，即使得不到解决，也会使情绪有暂时的缓解，让心透透气。丈夫要清楚这一点，很多唠叨并不是针对你的，而是妻子缓解压力的方法，不要刚一听到就阻止、反驳，要尊重、体谅妻子的心境。

此时妻子的心情不好，一旦丈夫的抵触情绪过于激烈，争吵就一触即发了。

给妻子充分的尊重和体谅，静静地听她把话讲完，适时地给她安慰和建议，不要打断她或表现出不耐烦的情绪，这种反应可能会伤害到你的妻子。其实你只要耐心一些，每次花上一点时间听听她的话，她就会舒畅一些，你们的生活也会轻松一些。妻子的好心情能换来全家的阳光，好丈夫要为此做出努力。生活中的种种问题，不可能一下子全都解决，在寻求解决办法之前，妻子会把自己遇到、想到的事清理一遍，谈到伤脑筋的事她会心烦，谈到感人的事她会轻声细语，谈到兴奋的事她会笑出声来。如果你能尊重她的心情，照顾她的需要，那么你的妻子会觉得自己幸福得多，认为你是个好丈夫。你会感觉到她什么时候宣泄够了，因为这时她会深深叹一口气，还会对你说“这世界上你最了解我了”，即使你实际上并没有用心思考她说的那些话，但是你的态度肯定会让她的心情好起来。

丈夫们通常都抱怨自己的妻子唠唠叨叨，没完没了。他们弄不明白妻子想说的是些什么，觉得莫名其妙，于是对妻子的话充耳不闻，或者干脆抱怨妻子太过絮叨。不妨站在对方的立场设想一下，如果在你的生活中有些事情在不该结束的时候戛然而止，你的心情会如何。妻子这时的感受和你是一样的，她想跟你谈心，却不能把心里的话说完，也是一样的感觉，她的自尊心会受到伤害，她也会感到窝火和恼怒。这样，所导致的直接后果是一次争吵，或她以后不想再跟你交谈，夫妻感情因此会受到影响。

（二）唠叨也是爱

夫妻之间，爱的表达方式是多种多样的，作为男人，能善听女人的唠叨也是一种爱。在这个世界上没有不唠叨的女人。跟一个女人生活在一起，就得接受她的唠叨。做男人的，不必为妻子的叨唠而皱眉头，因为叨唠是福。若问男人怕什么，成了家会说："怕老婆唠叨。"其实，唠叨也是爱。

男人乱扔脏衣服、臭袜子或是不讲个人卫生，妻子唠叨你是为了让你养成好习惯；男人抽烟喝酒，妻子唠叨你是为你的身体健康考虑；男人玩麻将牌上瘾，一玩儿就是半夜通宵，妻子唠叨你是担心你嗜赌成性毁了家。这种唠叨多数是针对男人的缺点和错误，应该说是一种负责任的劝告，一种善意的警告。

另外一种唠叨是带有强烈的情绪色彩的。丈夫对妻子缺乏必要的关心。妻子感到委屈，自然要唠叨；妻子和婆婆闹了意见，背后与丈夫唠叨，是为了求得给个公断或是求得谅解；妻子买件衣服或东西也要向丈夫唠叨唠叨，她的本意是希望得到丈夫的认可和欣赏。实际上，这种唠叨的潜台词是要求与丈夫沟通，有个不断要求与丈夫沟通的妻子也是一种福气。反而，爱唠叨的妻子一旦不唠叨了，则要引起丈夫的注意了，这很可能是出现感情危机的信号。

唠叨是一种爱恋。女人喜欢按照自己的方式将丈夫雕凿完美，从服饰打扮到一举一动，替丈夫考虑得精细而周全。男人能凑合，衣服总是穿到变了颜色，才在唠叨声中不情愿地脱下；男人豪爽，遇到个三朋四友常常是不醉不罢休，每每都在唠叨声中勉强收场。女人生性温良，从母亲那里继承来的慈爱，一股脑儿地倾注到丈夫身上，这种爱的奉献，将丈夫娇惯成了一个有思维却不愿随便使用的人。女人对丈夫频繁的关心，谆谆的教诲，丈夫有时会耐不住地烦，讨厌妻子的唠叨。其实男人不懂唠叨也是一种爱恋。

唠叨是一种交流。家是最温暖的港湾，对于女人来说除了正常的生活需求以外，她们还需要精神的交流。她想把工作和生活中的她的喜与乐、忧和愁对丈夫倾诉，她期望从丈夫那里得到宽慰、体贴和信任。这种需求一点儿也不过分。婚前，男人总是表现得宽宏大度，颇具耐心，句句听似甜言蜜语，钟情又缠绵。然而结婚后却没了这份耐心，其实唠叨对妻子是一种需求，对丈夫则是一种信任。她对你唠叨是因为把你看作最亲密的人，不然这些话又该说给谁听？当她不再对你唠叨时，很可能是另有耐心听她唠叨的人了。

所以当妻子唠叨时不妨耐心地听完，如果是出自内心的失落，应倍加爱抚，从行动上证明自己仍不改初衷地爱着妻子；如果是抱怨，做丈夫的应该大度地做出些许让步，多体贴和帮助妻子做家务，帮助妻子去掉思想上的包袱和身体上的重负；如果是出自内心的落差，就应该帮助妻子面对现实、接纳现实。如果是自己的责任，及时做自我批评；如果真是妻子过分了，应诚恳指出，约法三章，彼此恪行。

处理好与家人的关系

女人嫁给一个人，等于嫁给他的习惯和性格，另外还需要接纳他家人的习惯和爱好。婚姻不是两个人的事，家和万事兴，全体家庭成员的融洽才是真正的美满。对于人妻来说，与家庭其他成员之间的主要关系，如：婆媳关系、姑嫂关系、妯娌关系等，由于你与她们属于非血亲关系，生活习惯、性格爱好以及受教育的程度等都不尽相同，甚至差距很大，而互相接触的频率又高于外人，所以相处起来非常微妙。要想夫妻关系和睦、婚姻美满你就要准确把握自己在婚姻中的不同角色，扮演好不同的角色，正确地面对和处理这些家庭人际关系。

一、婆媳关系

俗话说："婆媳亲，全家和。"寓意颇深，其一是说婆媳关系融洽与否直接影响整个家庭中其他人际关系，如夫妻关系、亲子关系、兄弟姐妹关系以及祖孙关系。其二是指婆媳关系是家庭人际关系中最微妙、最难处的一种关系。

在家庭中，两代人之间的矛盾和冲突，最常见的是表现在婆媳关系上。很多家庭面临婆媳不和的问题，多是由于婆媳两方都很难迅速适应新的角色，针对同一个男人的爱产生的竞争与威胁，不同的生活方式、观念等导致的。家应该是让人放松的地方，充满战争的家庭氛围也是内心最深的痛。

（一）婆媳关系失和的原因

首先，关系的特殊性。

家庭的基本关系有两种：一是夫妻关系，一是亲子关系，两者构成了家庭结构的基础。其他关系都是在此基础上派生出来的。婆媳关系在家庭人际关系中有其特殊性。它既不是婚姻关系也无血缘联系，而是以以上两种关系为中介结成的特殊关系。因此，这种人际关系既没有亲子关系所具有的稳定性，又没有婚姻关系所具有的密切性，它是由亲子关系和夫妻关系的延伸而形成的。如果处理得好，婆婆和媳妇各自"爱屋及乌"——婆婆因爱儿子而爱媳妇，媳妇因爱丈夫而爱婆婆，各得其所，关系就会融洽。但是如果处理不好则婆媳之间会出现裂痕，难以弥补。

其次，利益分歧。婆媳同在一个家庭中生活，有共同的归属，自然也就有共同的经济利益，双方也自然都希望家庭兴旺发达。这是婆媳利益一致的一面。

但同时也常常在家庭事务管理权、支配权等方面发生分歧，出现矛盾，甚至明争暗斗。我国家庭中有"男主外、女主内"的传统，婆婆做了几十年的内当家，现在把权力交给媳妇，媳妇在家庭事务中唱起了主角。对这种角色的转换，做婆婆的往往不易适应。有的婆婆虽已年过花甲，却仍希望继续保持在家庭中的经济支配权，或者难以接受完全由媳妇掌握家庭经济大权的事实；而做媳妇的也往往不甘让步。这就难免发生矛盾。即便是婆婆和媳妇共同持家，由于各自的地位不同，考虑问题的角度不同、需要不同，也容易产生分歧。

此外，中介失衡。在婆媳关系中，儿子有十分重要的沟通和桥梁的作用。儿子的这种中介作用如果发挥得好，则可以加强婆媳之间的情感联系，反之，则容易成为矛盾的焦点，出现“两面受敌”的困境。尽管母子情深，也难以避免结婚以后这种关系变得复杂的事实。因为夫妻之间毕竟在活动、打算、开支以及交往等方面有着更多的共同点，在这些问题上，夫妻观点的一致性往往要超过母子观点的一致性。这是因为儿子和母亲相隔一代，在心理上存在着差异，这就容易造成儿子中介作用的失衡。如果母亲不理解，就会产生“娶了媳妇忘了娘”的心态，误认为儿子对自己的感情被儿媳夺去了，而迁怒于儿媳。

（二）婆媳关系的处理

首先，处理婆媳关系的原则：从心里把婆婆看作自己的母亲。

在你婆婆面前，永远要记住：你是媳妇，不是女儿，这点非常关键。即便太累了，到婆婆家，再累也不能什么都不做。看到婆婆忙家务一定要站在旁边，问问有什么可以帮忙，就算真的不能帮上什么忙，也还是要去那里看看。大度宽容，像对待母亲一样去对待婆婆，表现出更多的关心、宽容、依顺、体贴……你自然可以像和母亲相处一样地和婆婆相处，成为婆婆最贴心、最疼爱并具孝心的媳妇。

每逢节日或婆婆生日，要记着给婆婆准备点礼物；平时媳妇给自己的母亲送吃的、用的，最好同时给婆婆准备一份；经常做一些婆婆爱吃的食物，一家人同桌吃饭，要注意先把好菜给婆婆，不能只顾自己的孩子和丈夫。多叫几声“妈”。儿媳的一声“妈”，可以给婆婆带来无限温暖。把拉家常和称呼交织在一起，气氛就会好得多。你不妨这样说：“这几天怪冷的，妈，您只穿这些太少了，可不要着凉啊。”“这么细的针都能穿，妈眼神真好。”热络的话语让老太太的心里也暖暖的。

结婚后母亲会担心儿子“娶了媳妇忘了娘”，害怕失去儿子，也怕媳妇夺去他的亲情，婆婆在心理上便会产生一种不安全感与失落感，这种情绪在一时间是无法平复的。因此，媳妇要注意控制自己，尽量照顾老人的性情和习惯。要多陪婆婆拉拉家常，尽量去满足婆婆正常的心理需求，你的付出不会没有回报的。

下面我们谈谈具体做法。

1. 相互尊重与体谅

婆媳双方要妥善处理彼此之间的关系，婆媳双方都要承认对方有独立的人格和经济地位，双方之间的关系是一种平等的人际关系，而不是一种一方必须依从于另一方的支配与被支配的关系。这是处理婆媳关系的前提和基础。假如认定对方必须或应该听从、服从自己，从而把这种平等的人际关系视为支配与服从的关系，则必然会在行动上、态度上表现出来，导致矛盾出现。婆媳之间的相互尊重要求双方有事全家协商处理，如经济开支、涉及全家的事务等要共同商量，养成民主家风；而属于个人的“私事”，则应互不干涉，个人享有“自主权”。

婆媳之间要相互尊重要求，有事全家协商处理，如经济开支、如何教养第三代等要共同商量，养成民主家风；而属于个人的“私事”，则应互不干涉，个人享有“自主权”。作为媳妇，要多尊敬婆婆，因为婆婆年岁大，管家或教育孩子的经验丰富；做婆婆的也不要总是在媳妇面前摆架子，要看到儿媳的长处，多尊重儿媳的意见，特别是教养孩子的问题。也就是说双方要相互配合，彼此尊重。婆媳长年生活在一起，难免会发生一些不协调的事情，这时就更需要双方相互谅解。

要发展良好的婆媳关系，双方都需要学会谅解对方、体贴对方。例如，星期天去游园，做媳妇的不要只和丈夫、孩子去，把公婆留在家里，应该一同前往，这样婆婆也就不会产生寂寞孤单的感受。反之，媳妇对丈夫照顾较多，对婆婆相对照顾不周，做婆婆的也应多予体谅。如果婆媳双方在相处中都能设身处地为对方着想，相互谅解，婆媳非但不会出现大的矛盾，而且还会发展得如同亲子关系那样密切。

2．回避矛盾，避免争吵

婆媳之间出现了分歧、产生矛盾时，双方一定要保持冷静的头脑。即使一方发脾气，另一方也应克制自己的情绪反应，等对方情绪平静之后再商讨处理存在的问题。心理学告诉我们，消极而强烈的情绪容易使人失去理性，导致冲突升级。争吵还具有“惯性”，即一旦因一点儿小事“开战”，日后往往有事便吵，久而久之，成见会越来越大。因此，当一方情绪反应激烈时，另一方应保持冷静与沉默，或者寻机走脱、回避，等事态平息后再交换意见、处理问题。

此外，婆媳双方平日有了意见，切忌向邻居、同事或朋友乱讲。好事不出门、坏事扬千里，婆媳失和，被人指指点点，只会矛盾加剧，挽回起来也更难。婆媳之间一旦发生摩擦，不管孰是孰非，做媳妇的一定要先忍让，万不可针锋相对。婆婆说什么，只管听着，等事后双方都心平气和了，再探讨矛盾的起因与解决方法。人心换人心，只有这样，你在婆婆眼中才能是一个识大体的好媳妇，也才能真正撑起一个家，她把家里的大任交给你才会放心。

3. 物质上多给予，情感上多交流

只有彼此心理及时沟通，双方的心理距离才会缩短。因此，做媳妇的平日里要经常向婆婆问寒问暖，每逢老人身体不适，更需悉心照料，使老人在精神上得到安慰。上了年纪的人，感情相对脆弱，怕孤独，爱唠叨。作为媳妇，如能与婆婆多聊家常，多做家务，多买点老人喜欢吃的东西，会极大地安慰老人那颗孤苦之心。除了物质上孝敬之外，还应注意和婆婆搞好感情交流，消除心理上的隔阂。因此，做媳妇的平日里要经常向婆婆问寒问暖，每逢老人身体不适，更需悉心照顾。

4. 儿子发挥黏合的作用

婆媳关系本来就是亲子关系与夫妻关系各自的延伸而形成的一种新的家庭人际关系，儿子对婆媳双方的性格特点最为了解，因此儿子在处理婆媳关系中有十分重要的作用。如果作为儿子和丈夫，处理不好他们之间的关系，就会受到“夹板气”，如果处理得当就会发挥重要的黏合作用。

帮助婆媳进行沟通和交流。消除心理上的隔阂，增进感情。例如，平日家中有什么关于婆婆的好事，儿子可以多叫妻子出面，母亲过生日，买了东西叫妻子出面送给老人等。这些策略都有助于婆媳之间的情感交流。婆媳之间发生矛盾时，儿子可以起疏导作用。由于婆媳之间既缺少母子间的亲切，又没有夫妇间的密切，因而出现了隔阂往往不容易消除，通过儿子从中周旋，可以消除心理屏障，使婆媳和好如初。例如，可以买点好吃的东西给母亲送去时说：“媳妇感到对不住您老，买点东西希望您消气。”在吃饭时，对妻子说：“妈看你这几天不爱吃饭，特意为你包的饺子，多吃些吧。”这样，双方的心都热乎乎的，隔阂也消失了。

二、姑嫂关系的处理

自古以来，不仅婆媳关系难处，姑嫂关系也是很多女人的一块心病。小姑是婆婆的骨肉，又与你丈夫有手足之情，家庭地位比较特殊，所以，她常常会成为婆媳矛盾、夫妻不和的导火索。俗话说，“小姑贤，婆媳亲；小姑不贤乱了心”“缝衣少不了线连针，家和离不开姑嫂亲”。建立融洽的姑嫂关系，也是搞好婆媳关系的一个纽带。当新娘带着憧憬和忧虑来到一个新家庭时，精明的嫂子总是先与小姑建立良好的关系，并以此为基础去迎接那望而生畏的婆媳关系。牵涉到姑嫂之间的问题一般都是家庭的琐事，并且你们之间有非常密切的家庭联系，所以，只要你能从家庭团结的愿望出发，遇事不斤斤计较，彼此之间相互谦让，多为对方着想，用心与对方去沟通，姑嫂之间是可以和睦相处的。

姑嫂来自不同的家庭，成长环境不一样，对彼此的过去互相并不了解，相互间稍不注意，彼此之间就非常容易产生误会。假设牵涉到一些经济利益上的问题，如果双方各不相让，甚至还会引发矛盾和冲突。但是如果你能用一颗宽容的心去谅解对方，站在对方的立场设身处地为对方着想，姑嫂关系处理得好，你们就会亲如姐妹。和谐的姑嫂关系，对于你尽快融入一个新的家庭，甚至对于婆媳关系的处理都有积极的促进作用。

（一）接受家庭的原本状况

由于小姑长期受宠，比较任性，你的婆婆和丈夫都容忍她、迁就她，因此你入门后要适应家庭的原本状况，要像丈夫那样关心她、照顾她。要慢慢来，以免打破旧的平衡，引发许多矛盾。

（二）不要产生妒忌心理

不少媳妇认为婆婆“偏心眼”，待小姑好，把媳妇当外人。俗话说：“闺女娘，心连肠”，你应该有气度和肚量，不要产生妒忌心理。要把小姑看成是亲妹妹，主动地关心和照顾她，有事要多和小姑商量，特别是年轻的小姑恋爱、结婚时，你更应帮助出主意、当参谋。如果姑嫂关系处理得当的话，可以加强家庭之间的团结。例如，婆婆比较听得进小姑的话，你有事就多和小姑商量，小姑理解了，就等于婆婆理解了多半，而且同样的话从小姑口中说出可事半功倍。

作为嫂嫂，要尊重小姑的人格，尊重她的自尊心，切不可为一点小事，就以长者自居，甚至挖苦她、贬低她；同时还要理解她，正确对待她在生活、工作和学习中遇到的酸甜苦辣，并给予支持与帮助。此外，还要关心她的生活、她的人生大事。如果这样做了，小姑就会在心理上认同你，从而就会拉近彼此之间的距离，做到像亲姐妹一样无话不说、无事不讲。

总之，只要把心放宽一点，谦让一点，少一点猜疑，少一点计较，你一定会成为这个家庭中人脉关系最旺的一员，一家人定会愉悦久久，其乐融融。

就事论事不翻旧账

夫妻间难免会吵架，大多数夫妻，吵着吵着就把那些陈年旧账翻出来，老底揭穿，颜面尽失，最后干脆来个彻底了断：离婚。

女人天性敏感多疑、缺乏安全感。认为感情是专一的，应该做到毫无保留，因此，一个男人如果是你的，那么他的一切都是你的，现在是属于你的，将来是属于你的，甚至连他的过去也想心中有数。女人们对某件事没有得到确定的消息或根据，她们就忍不住狐疑瞎猜，按自己的心思胡乱揣摩，胡思乱想，并总是习惯将威胁严重化，把自己搞得精神不宁。吵架时总愿意把老公旧日的恋情牵扯出来，动辄以此作为攻击的武器。殊不知，每个人都有属于自己的感情隐私。有些是希望自己独享，有些是为了保护自己，有些是避免给对方带来伤害，还有一些是为了免去解释的麻烦等，女人们大可不必为了了解对方的情感史，绞尽脑汁地“翻旧账”。认为对方做错了事对我有亏欠，应该加倍对我好；或者把当时没有好好解决的陈年旧事，重新翻出来发泄自己的不满和委屈。

其实，这样做不仅会伤害丈夫的自尊心，而且还很容易让他拿你和他的旧情人相互比较，从而旧情复发。面对男人过去的事情，女人总会担心有一天回到过去，哪怕男人一个眼神都会引起她的多种假想，久而久之就成为她的心病，折磨自己也折磨他人。

事实上，很少有人能够完全与“过去”断得一干二净，不做恋人，不做朋友，至少可以当一个旧相识，何况他们曾经相恋过，偶尔的问候，困境时的援助，合理公开的接触，这些都是人之常情。对于丈夫这些过往的恋情，不需要耿耿于怀，更不要探究细节，那都属于过去。你要有一个理解并宽容的态度，做个大方的妻子，才能在婚姻中做一个幸福女人。其实你爱的是他，不是他的过去。过去的就让它过去吧。别再去翻他的“旧账”，给他留下一点“情感隐私”，多一些包容，多一些理解，才是婚姻的相处之道。如此这样，你们才会拥有快乐幸福的婚姻、美满如意的生活。

因此，夫妻吵架时，绝不能互翻旧账、互揭伤疤，因为这样做只会使冲突扩大、升级，最后到不可收拾的地步。翻旧账，等于把家庭矛盾放大了无数倍，翻旧账的一方往往越说越生气，越说越不如意，而被翻旧账的一方则是越听越委屈，越听越不服气。结果使矛盾不断升级，甚至引起家庭战争。

当一方翻旧账时，被翻开旧账的一方一定要保持冷静，尽量克制自己的情绪，因为对方是带有情绪做这件事情的。等对方把旧账翻完了，气消了之后，再跟对方就事论事地讲道理。千万不能对方翻你也翻，那只会使矛盾更加激烈。

还有一种情况是：翻旧账的一方往往是起因之事的理亏者。由于某件事自己做错了，又不好意思承认错误，总是千方百计地想找回点儿面子，便翻起旧账，揭对方以前做错事的老底，凡是对方以前所做错的，即使是八竿子打不着的事情，都被拿出来作为自己的论据。一件本来很简单的事情，本来是想扳回一局，却适得其反，致使矛盾不断升级，最后恶化到不可收拾的地步。

但是，过去的事情已经过去，无论当时对方有什么不恰当的表现，都是不应该揪住不放的。因此，翻旧账是最让人难以接受、极容易伤害双方感情的做法。而在有些旧账上，对方可能受到过极大的挫伤，感情上的伤口不容易愈合。翻这种旧账就相当于揭对方的伤疤，又勾起对方痛苦的回忆，让对方更加痛苦，从而对你产生怨恨的情绪。这样，就会对以后的家庭生活埋下隐患。

另外，在对方旧账中可能只是一些小事，如果陈芝麻烂谷子全部翻出来，很可能积微成著，使对方感觉自己陷入了困境。

夫妻生活在一起，避免不了会发生一些口角，这就需要双方都懂得忍让，相互包容对方，切不可翻旧账。在夫妻吵架时，最好是夫妻双方说出自己心中的不满，说出自己的情绪，例如很伤心、愤怒、失望等，而不要一味地翻旧账。这样，对方才能知道你在遇到某类事情后的感受，更有利于夫妻之间化解矛盾，重归于好。就事论事，应该尽量在范围、时间上加以限制，一旦发现对方有扩大事端的倾向，立刻叫停。吵架的目的是解决当下的问题，而不是打倒对方。将目标扩大到对方的整个人身，是极不明智的做法。翻旧账只能加深矛盾，把事端扩大。真正的婚姻从来都不是战争，伤在他身上，最痛的那个人会是你。

细节决定一切　第八章

教育孩子的细节

每个人都有其固有的潜质和天赋，那些留意孩子天性和意趣的家长往往可以从许多细节中发现孩子的长处，因势利导，培养出一个优秀的人才。反之，就会把一个人才白白浪费掉。在教育孩子的过程中，任何一位家长在做出教育决策前都应该仔细观察孩子，从细节中了解他们，千万不可主观臆断，强硬施教。

教育好孩子的前提是要尊重孩子，尊重他们的想法和意愿，切忌越俎代庖、大包大揽；夸奖孩子也是一门重要的艺术，即便是小小的进步也要去夸奖和鼓励；只有夸奖没有惩罚的教育，不是完整的教育，对于孩子的错误要有适度的惩罚；当孩子处于叛逆期时要学会正确地处理和疏导；孩子不应该成为温室里的花朵，要放手让他们参加实践活动，体味生活的艰辛，为长大后进入激烈竞争的社会做好充分的准备，迎接生活的挑战和考验；言传胜于身教，父母的身体力行比无休无止的唠叨要管用得多。

尊重孩子的选择

许多父母总认为孩子还小，不能自己做决定，所以总是越俎代庖，觉得自己是孩子的父母，难道还会害孩子不成？自己所做的一切都是为了孩子好，认为等孩子长大了自然会感激自己的。然而这样做是否正确？难道为了孩子好就可以不尊重孩子的选择吗？

表面上看父母是在围着孩子转，实则是孩子围着父母的意志在转。父母们不是把孩子的意愿放在首位，尊重孩子的个性、人格、兴趣，使孩子有充分发展的空间，剥夺了孩子自己体验成败的机会，很难让他们真正实现人格的独立，还会令孩子产生厌烦和逆反心理，限制他们的成长。而且会加深孩子与父母之间的矛盾，也让孩子丧失了独立思考、自力更生的意识，而这些远比父母所做的决定重要得多。尊重孩子的选择，是让孩子学会独立生活的前提。篮球明星乔丹的妈妈曾深有体会地说：“在对孩子放手的过程中，最棘手的问题是让孩子去追求自己的梦想，自己做出决定，选择与我为他们设计的不同的发展道路。”可见，父母如果想让孩子真正独立，就一定要勇敢地对孩子放手。

孩子天性敏感，他们能够体会到父母怎样看待自己，是不是真的从内心深处重视和承认自己。他们有自己的思维方式和看待事情的角度，孩子的选择就是其独立思考的表现和结果，适度地把一些事情的决定权交到孩子手中，孩子会为你带来许多意想不到的惊喜。人的责任感是在自我选择中形成的，一个人没有选择的权利，只有被选择权，也就不会承担什么责任。让他们拥有自己做主的权利，有利于他们学会勇于承担责任，为自己的选择负责。例如选择兴趣班，如果说孩子最初的选择只是一时兴起，作为家长就有必要提醒他们一旦作出选择之后都应该承担哪些责任，提醒他们无论学哪种技能，都需要付出辛苦和汗水，并叮嘱他们要考虑清楚自己是否有承担的能力。在深思熟虑后，如果孩子依然兴致盎然，就可以按照孩子的要求让孩子去参加学习。在学习的过程中，一旦出现因为毅力不足的原因产生的逃避情绪，家长更是要做到及时提醒，敦促孩子做个能担当的人。

在选择过程中，也能培养孩子克服困难、战胜困难的顽强意志，形成其遇事冷静、有主见的良好心理素质。充满民主的现代家庭，对孩子的不同见解，父母应该高兴而不应该愠怒，因为这说明孩子试图用自己的大脑进行思考并独立地去解决问题。当孩子的意见和自己出现偏差时，父母明智的做法是与孩子一起商量，在亲切的交谈中探讨、比较各种方案或观点的优劣，从而引导孩子做出正确的选择。

为了真正把选择权交给孩子，给孩子一个真正属于自己的空间。请尝试这样做：

一、在日常生活中教会孩子选择

选择的意识不是天生的，需要父母在日常生活中教会孩子。摒弃传统思想，不拿自己的意志强加于孩子身上，尊重孩子，正确对待孩子，关注孩子的发展，在适当的时候对孩子施以教育干预，采用合适的做法，将父母的意愿变成孩子自己的追求。

比如，问问孩子穿什么衣服，并让孩子说出这样穿的理由；问问孩子是否爱吃鸡蛋，而不是因为鸡蛋有营养就一定要逼着孩子吃；也不要因为父母觉得冷就一定让孩子戴帽子。在日常生活中经常给孩子选择的机会很重要，这会使孩子渐渐养成一些自己做主的意识。

二、不要对孩子管得过细

父母们总是觉得孩子的一切事务都是自己责任范围内的事情，这最容易导致对孩子管得过严过细。于是，在孩子眼里，父母永远是高大的，自己永远是渺小的。时间久了，即使父母想让孩子自己选择一些事情，他也不会选择了，只知道按照父母的意愿去做事。可是，孩子总会长大的，试着让孩子在体验中成长。在一些事情上，父母可以不给孩子太多的建议，而是让孩子自己去体验、比较，在几种结果中，孩子会获得自己的选择。通过提供选择，可以避免紧张的气氛，给孩子获得做决定的实践机会。做选择并让孩子负责的都是日常的行为，对于发展孩子的自我价值观是至关重要的。

三、培养孩子的“判断”能力

孩子到了一定的年龄，开始有了自己的看法和选择，不再是父母的附属品，孩子的意见是他逐渐成长的标志和表现。孩子的经验和能力都是有限的，所以我们不能保证孩子每一次的选择都是正确的。这就要求我们家长在尊重孩子选择权的同时，培养孩子的“判断”能力。早上穿什么衣服好呢？“是我帮你选，还是你自己来挑？”“你今天是想穿蓝色的上衣，还是白色的那件T恤？”“晚上是先做作业还是玩游戏？”为了培养孩子独立负责的品质，父母要避免孩子那种凡事都依赖父母的习惯。指导孩子在自己的选择中认识自己并发现自己的力量，才是父母应该注意的。父母与孩子谈话时，可以自觉地运用鼓励信任的语言，表示相信孩子有能力做出正确的选择。如“由你自己决定”“你自己看着办吧”“完全听你的”“你能干好的”。父母的肯定能使孩子产生欣喜和感激，使他相信自己有承担责任的能力。

四、做好参谋和顾问

不要所有的事情都替孩子做主，更多的是要做好参谋指导，给孩子营造充分的思考空间，让孩子大胆去想，认真倾听孩子的想法。孩子的任何选择都不是随意产生的，是其经过比较思考而得来的，尊重孩子的选择本身就是对孩子充满信心的体现。有智慧的家长更多承担的是参谋和顾问的角色。为他提供有关情况，帮他分析各种可能，出谋划策。

例如，在有关零花钱的问题上，父母应该给予孩子一定的选择权。随着孩子年龄的增长和能力的提高，可给出合理的零花钱的数量，并把支配权交给孩子，节余也归他。这样做，不但能发展孩子的自主性，而且能使他的经济意识和理财能力得到提高。

五、关键在适度

尊重孩子是对孩子人格的尊重，而绝不是纵容和迁就孩子。卡尔·威特说过："有些父母会以尊重的名义，满足孩子形形色色的愿望，当孩子哭闹时，更因为心疼孩子，唯恐伤害孩子的心灵而迁就于他。这事实上不仅没有尊重孩子，反而使孩子越来越不懂得尊重父母。"

尊重孩子的选择不是一味满足，而是要让他学会理性的判断。当孩子喜欢做一件事情但是却并不正确或者影响并不好时，例如吃太多糖，就可以一是可以给他找替代物；二是可以用孩子可以理解的方式讲道理给他：吃糖太多牙会痛啊！关键是孩子从中感受到了事情的严重性、学会变通和设身处地地考虑问题。尊重孩子的同时呵护他们，让他们健康地成长才是最重要的。

尊重孩子的选择与父母让他们健康成长的本意并不矛盾，当父母充分理解并善于听取孩子的合理主张时，实际上就是为孩子树立一个尊重父母意见的榜样。

六、具体细节

人类最不能伤害的就是自尊。在家庭中建立良好的亲子关系，就要从尊重孩子开始，从尊重孩子的隐私开始。每个人都有不愿告诉别人的私事，这便是隐私。个人隐私应该得到尊重，法律也规定保护个人隐私不受侵犯，这便是隐私权。隐私权作为公民的一项最基本权利，早就写入了各国的法律之中。

父母进入孩子的房间要敲门，不会偷偷翻看孩子的书包、偷看孩子的日记。随着孩子年龄的增加，开始有了不想告诉父母的小秘密。父母难免会产生失落感和恐惧感，失落感是因为孩子与自己再也不像从前那么亲近，那么无话不谈了；恐惧感则是因为太紧张，对孩子任何隐瞒自己的事都会往坏的一方面产生联想。

但是，没有秘密的人是永远长不大的，父母要重视孩子拥有秘密的重要性，用真心和智慧去关心孩子的心灵旅程，用真诚的沟通代替私下的偷看，从而与孩子建立良好的亲子关系，达到事半功倍的教育效果。尊重孩子的隐私，就是尊重孩子的人格。

世界著名教育家斯特娜夫人说：“自尊心是一个人品德的基础。若失去了自尊心，一个人的品德就会瓦解。”自尊心，每个人都有。孩子作为一个独立的个体，同样也具有敏感的自尊心。父母不要当面拿自己的孩子和别的孩子进行比较，说自己孩子“不争气”“没出息”，不要在情感上伤害孩子。

父母如果想让孩子帮忙，说“请”字，孩子帮了忙，一定会说“谢谢”；父母误会了孩子，一定向孩子道歉，说声“对不起”。心理学家罗达·邓尼曾说：“父母错了，或违背自己许下的诺言时，如果能向孩子说一声“对不起”，可以帮助孩子建立自尊，同时能培养孩子尊重人的习惯。”

孩子一直在被尊重的环境中成长，那他自然而然地就会自尊自爱，同时也会给予他人尊重。

在生活上，要孩子学会自己的事情自己做，这也是尊重孩子，相信他们有能力处理自己的事情的表现。

就算是小的进步，也要夸奖

“数子十过不如奖子一功”“聪明孩子都是夸出来的”。夸奖孩子、赞美孩子、鼓励孩子，是家庭教育的一项重要艺术。表扬好的行为有利于孩子的健康成长，即便是小的进步，也要夸奖。夸奖孩子也是一门艺术，应恰如其分地夸奖，让孩子在表扬中不断进步。

一、什么时候需要夸奖孩子？

（一）当孩子不自信的时候

孩子有时候会不自信，认为自己在某些方面不如别人，当他犹疑不决地征询家长的意见时，你要夸奖他的进步，甚至略微夸张一点儿也可以。

（二）孩子渴望得到别人认可的时候

有的孩子爱说话，有的孩子爱提问题，有的孩子爱自己思考问题……虽然可能有一些问题，但只要本质是好的，就应该指导思想的萌芽健康成长。

大发明家爱迪生小时候学习成绩不好，经常有一些在老师看来奇怪的想法和做法。在他上小学的时候，老师认为他“弱智”，让爱迪生的母亲领儿子回家。爱迪生的母亲并没有放弃自己的孩子，相信他，理解他。她对老师们说：我的孩子一点儿都不笨，他是个天才，只是你们不理解他。

母亲持续不断的夸奖、鼓励，使爱迪生成功地走上了发明创造的道路。

（三）孩子“自暴自弃”的时候

当你的孩子对自己丧失信心甚至自暴自弃的时候，你需要去夸奖他、鼓励他，帮他走出内心的阴霾。虽然有其他方面的缺点，但他爱劳动，能干其他小朋友不能干的活儿，你对他的这一优点进行表扬，肯定他的能力，是对他最大的肯定。

（四）在孩子失败后鼓励

很多父母的习惯定式是孩子取得了成绩给予表扬鼓励，失败了要批评责难。实际上当孩子失败了的时候，更需要父母的支持和肯定，这是培养孩子健全人格和良好心理素质的关键时刻。

父母要鼓励孩子不害怕失败，不追求完美，敢于尝试，直至成功。从失败体验中建立起来的成功会让孩子变得自信强大。研究显示，在竞赛中后来居上者一般比一路领先者更体现出一分自信来。

二、夸奖孩子的几条原则

（一）夸奖的内容必须准确、具体

有些家长夸奖孩子的时候，只是泛泛而谈，不指出具体的内容。表扬得越具体，孩子就越清楚什么是好的行为。父母所夸的事实要准确，不能夸大也不能缩小。如果不准确，孩子不明就里，也起不到激励作用；如果夸错了，孩子就会把错的当成是对的，以后你想给他改过来都很难，更是适得其反。父母要想正确地夸奖孩子，就必须多陪孩子，多关注孩子，只有熟悉和了解孩子，才能及时给孩子必要的夸奖。

比如客人走了之后，妈妈可以对孩子说：“今天叔叔给你东西的时候你马上说谢谢了，真有礼貌。”孩子写完字后挑出几个写得比较好的对他说：“妈妈喜欢你写的这些字，每个都干干净净，没有出格。”他和小朋友玩的时候，告诉他：“你让小朋友玩你的玩具了，妈妈很高兴你肯和小朋友分享你的东西。”

孩子对于真诚的有内容的夸奖是来者不拒的，具体的表扬会让孩子明确知道自己哪里做得好，产生真正的满足感。不能走过场一样泛泛地说“你做得不错，要继续努力”。

（二）表扬孩子付出的努力、取得的进步，而不是表扬结果

如果孩子考试取得了好成绩，不应该夸奖孩子“你真聪明”，而应该夸孩子用心看书、很用功、考前做了充分准备。因为一个人聪明与否是天生的，孩子自己无法改变，而努力认真却是孩子可以通过自律做到的，表扬强化了他认真准备的行为，下一次他会再接再厉。如果我们细心一点儿，可以发现孩子有意当着你的面将用具摆好，将玩具收起来，总之是做一些你希望他们做的事，这时他们的眼中闪烁着期待的光芒，盯着你，等待着你的注意。当孩子做错事时，需要父母提醒甚至纠正他们，但当他们改正了错误，养成了好习惯后，也需要父母给他们足够的肯定，使他们对自己的正确行为有信心，并有足够的兴趣去巩固自己的成果。

父母应该记住，让孩子在愉悦中学会好的行为总比在责备的不快中学习好的行为容易得多。每个人对别人的斥责与约束都有内在的排斥性，成人如此，孩子也是同样。尽管大多数孩子接受成人的权威性，但过多的责备与“管束”仍然会引起他们的反感。这种反感自然会产生“反动力”，削弱“管束”的效果，使其不如正面鼓励的效果来得好。尤其当孩子心血来潮，要做一番好事时，借力推力，充分肯定孩子的行为，为他们讲解这样做对人、对己、对环境的影响，让他们明白原来自己的行为可以对周围的人与环境产生这么多的好影响。当孩子们意识到自己的举止被大人注意到时，便在内心调整了他们的行为取向，使值得赞扬的行为发扬下去。

过多强调孩子的聪明，孩子会自持聪明，而不去努力，甚至以卖弄聪明的方式来讨大人的喜欢。久而久之，孩子会变得自大浮躁，进而看不上不聪明的同学，而当遇到比自己更聪明的人时，又会产生自卑感。如果大人的着重点放在奖赏孩子认真努力的行为上，他会意识到好成绩是由踏踏实实的准备而来。

看到一个漂亮的小女孩，夸她漂亮就不如说“你笑得真甜，你很有礼貌”。因为外表不是她能决定的，大人过多地在意外表，会让孩子以为天生的漂亮是值得骄傲的资本，进而看不起长相平平甚至丑陋的孩子，会使孩子在观念上产生混淆，对她的成长不利。而微笑、有礼貌这都是她能够通过努

力做到的，外界的表扬强化她的礼貌行为，她就会成长为一个总是面带笑容的有礼貌的孩子。

一个小孩数学不及格，父母要鼓励他下一次考及格，如果他真的及格了，父母要和孩子讨论的是成绩为什么提高了，从中找到他努力学习的痕迹进行表扬，对孩子付出的心血进行赞赏，不能单单去强调“及格了”这个结果。

对孩子最有伤害的夸奖往往有两个，一个是夸他漂亮，一个是夸他聪明。在现在这个社会，对一个孩子说漂亮似乎是张口即来，非常容易的事。但是这种夸奖却并不能真正起到鼓励孩子的作用，这样的赞扬根本无助于建立孩子的自信，相反，会产生许多负面影响。在这种赞赏中长大的孩子，恐怕不会懂得简朴、善良的美德，以及坚强、刻苦的精神才是重要的。

父母尤其应该注意的是给孩子设立的目标不能超出孩子的能力之外。每个孩子的能力都不尽相同，表扬能够让孩子做一件事更有热情、更有兴趣、更加努力，但是最终结果却不会超出他的能力之外，父母对此要有清醒的认识。如果你设立的目标孩子无论怎么努力都难以达到，最终会使孩子陷入沮丧和自我贬低之中。

只有真心地夸奖，孩子才能给予积极的回应。如果父母心不在焉或者敷衍了事，孩子往往会感到父母是在骗他。当孩子做了好事或是有了进步后，父母最好当时就给予夸奖和鼓励，这样孩子的荣誉感和成就感就会及时地得到满足，他会有信心把后面的事情做得更好。

夸奖、赞赏最适合用在培养孩子好的习惯、好的性格特点上。在学业上、专长上，要看到孩子的长项在哪里，因势利导，鼓励孩子在他擅长的方面做得最好。

（三）公开场合表扬孩子好的行为

中国父母常常喜欢在人前夸别人孩子，贬低自己孩子，这是最损伤孩子自尊心的做法。想让孩子有自信，一定要在人前表扬他，诚心诚意地把孩子性格中的闪光点，行为上、习惯上让人欣赏的地方提出来，让孩子感到你为他骄傲。人前表扬，即使是很小的一点点小事。要注意的是，在公开场合表扬的一定是孩子好的性格与行为，而不是孩子取得的任何成绩或者荣誉。如果是后者，就成了炫耀。同时有的家长喜欢让孩子在人前把“特长”表演一番，这有作秀及与人攀比的嫌疑，容易让孩子变得虚荣。

（四）不要把夸奖变为压力

有些看似鼓励赞扬的话实际上会给孩子增加压力。例如，不要在考试前对孩子说：“我相信你，你肯定能考好，爸爸妈妈等着听你的好消息。”经常听到某某考生临场发挥不好，都是孩子心理承受了太大压力所致。

只要告诉孩子要有平常心，发挥出自己的水平即可。

（五）少用物质奖励

不少家长喜欢采取物质奖赏的办法，许诺孩子如果考试得了高分，便给孩子买贵重的物品等，可效果并不尽如人意。按常理推断，对孩子们的成绩给予奖励，会提高他们的兴趣，然而事实却正相反。心理学家解释说：奖品虽然可以强化某个行为，但它会使人的兴趣集中在奖品上而对被奖励的行为本身失去了兴趣。对于短暂的一次性活动，物质奖励尚不能起到积极作用；对于需要孩子长期努力才能见效的行为，比如学习，物质奖励就更不适宜了。

如果家长给了孩子物质奖励的承诺，那么孩子暂时为了奖品会冲冲刺，但是这种刺激会使孩子渐渐丧失了对学习本身的兴趣，属于釜底抽薪的行为。真正想让孩子学业上有长进，就得培养孩子的自主学习精神，让他们对探索未知世界、解决难题本身有兴趣才行。

（六）要经常夸奖

不要吝啬你的表扬。尤其是对年幼的孩子，父母常用成人的眼光去看待孩子的行为，认为没有几件事是值得表扬的。其实，对于年幼的孩子来说，做好一些“简单”的事已经很不容易了，而良好的习惯和惊天动地的成绩也是由这些“简单”的行为累积成的。因此，只要有助于培养孩子良好的习惯，增强自信心，父母就要慷慨地给予表扬，年龄愈小表扬次数就要愈多，随年龄的增长家长要逐渐提高表扬的标准。

孩子的成长不是一朝一夕的事情，一个优点和好习惯的形成需要很长的过程。所以，夸奖孩子也不能浅尝辄止或是偶尔为之。父母要时时地关注孩子的行为和举止，经常夸奖孩子一些进步的表现，这样一来，日积月累，孩子的进步自然就会越来越多了，好的习惯也会越来越巩固了。

父母适当的夸奖会让孩子养成良好的习惯，减少一些不好的行为。作为父母，要时刻关注孩子，对孩子的每一点细微的进步和每一个闪光点，都要及时地夸奖和鼓励，从而让孩子产生成就感和自豪感，促使他不断地进步。大人表扬孩子的态度和语气有时候比说的话更重要。夸奖孩子时一定要真诚，要发自内心、实事求是，不能明夸暗讽、言不由衷和夸大其词，孩子非常敏感，父母的一次虚伪会让孩子不再信任你的言辞。有时，一个爱的眼神，一个紧紧的拥抱，胜过千言万语。

适度的惩罚

没有惩罚的教育，不是完整的教育。教育心理学中的效果律认为：孩子“快乐则接受，痛苦则拒绝”，要使孩子继续或终止某种行为，我们可以通过奖励或惩罚来做到这一点。事实上，有很多事情是不可能通过奖励的办法让孩子满足的。如孩子故意损坏东西、屡教不改、乱提不切实际的要求等，这种情况下奖励就不起作用，惩罚却可以起到一定的作用。通俗地讲，惩罚就是在孩子出现不正当行为时，给予一个厌恶性刺激，以此来减少不正当行为的发生。

惩罚就其本身来说，和赏识一样是一种教育手段，并没有对错之分。但这种手段在使用时需要有更高的艺术，否则就很可能起到不良效果。教育专家海姆·吉诺特博士说：“惩罚并不能阻止不良行为，它只能使行为者在犯错误时变得更加小心，更加巧妙地掩饰，更有技巧而不被发现。小孩儿遭受惩罚时，他会暗下决心下一次要更小心，而不是要更诚实、更负责。”而阿尔伯特·班杜拉博士说：“惩罚能控制不良行为，但是并不能教孩子如何正确行为，甚至不能减少他们做出不良行为的念头。”错用、滥用惩罚以致不负责任地对孩子的肉体和心灵施暴，会加重孩子的逆反心理，长此以往就会使惩罚失效，最终导致“管不住孩子”；而适当、适时的科学的惩罚却能对孩子起警诫作用，促使孩子改正错误，从而收到以罚助教、以罚代教的效果。

惩罚的目的在于让孩子意识到自己的错误和寻找正确的解决办法上来。对孩子吼叫、严厉的责备及体罚不仅无法让孩子学会正确地为人处世，改掉各种毛病，反而会让孩子对父母产生敌意和报复的心理。

打孩子显然不是一种可取的惩罚手段。父母总觉得打孩子收效大，是因为孩子在被打的时候大多表现出一种害怕的神情，只是一种表面的屈服。但实际上，这些话未必是孩子内心真正的改错愿望，有时只是孩子寻求自我保护的一种反应。还有的父母看见孩子犯错的时候就狠打，打完以后又心疼，又主动去给孩子道歉，这样做，非但不能教育孩子，反而可能助长孩子的不良情绪。

只骂孩子不打孩子，也不是一种可取的办法。父母在气头上，骂孩子大多口无遮拦，想起什么骂什么，什么话狠就骂什么，因此常常会骂孩子一些侮辱性的语言，这样虽然不会给孩子造成肉体上的苦痛，但对孩子的心灵伤害极大，会严重地损害孩子的自尊心。

所以说，惩罚是一门家教艺术，惩罚能否达到预期的效果，关键是看父母能否使用得当。

一、什么情况下需要去惩罚孩子

如果你没有其他更积极的办法来解决孩子的问题，而且希望尝试惩罚性策略的结果，那必须是你孩子的表现到了十分严重的程度。如：看见别的孩子拿着自己的玩具，于是很生气地跑过去，打了那个孩子并夺过玩具；看到想要的东西，赖着不肯走，还大哭大叫；踩到或撞到别人，不说对不起，反而骂别人；随便摘公园里的花，折断树苗，践踏草坪。

如果父母确定必须采用惩罚的方式教育孩子，那么请务必注意：

（一）让孩子坐下来，告诉他正视你的眼睛。这样会让孩子觉得父母是认真的，谈话是平等的，促使孩子严肃起来，认真听你讲的内容。

（二）开始训斥之前，告诉他“我只说一次”。这样做能强迫孩子集中注意力，让他明白事情的严重性。如果你事先不声明，那么孩子不会选择用心听。

（三）你使用的语气应该是平和的，甚至比平时说话声音更低。因为温和的方式更有助于孩子理解你说的内容，而且从生理角度讲，对于较低的声音更全神贯注。

（四）可以选择沉默的方式。如果孩子知道自己犯了错，那么他一定也做好了受罚的准备，你的训斥只是按照他的意愿发生了，却起不了任何教育作用。所以，适时地采用沉默，反而会让孩子紧张起来，而你又不费吹灰之力地夺回了“发球权”。

最后，告诉孩子，你会定期验收效果，以此长期督促孩子。在验收时间的选择上也是有技巧的，一开始的验收频率可以略高，让孩子知道不可以放松警惕，而越到后期间隔的时间应该越长，这样做是为了使行为习惯成自然，同时也让孩子知道你并未忘记此事。

二、如何让惩罚有效？

（一）父母教育孩子要相互配合

在父母心情不好的时候，切勿惩罚孩子。因为这个时候父母很难控制自己的怒火，孩子的注意力也完全放在怎样逃避父母的怒气之上，而不是反省自己的行为。如果孩子犯了错误，父母首先应该做的就是保持冷静，并且了解事实真相。保持镇定，认真倾听。设法了解究竟发生了什么事，事情的全部经过和所有细节是什么。然后，你可以分析和估计孩子这么干的原因：他是受了朋友的蛊惑吗？是他对别人感到忌妒吗？他是否因为没有朋友而失落?

你可以用下面一些问话从孩子那里了解事实:

"告诉我发生了什么事?"

"这件事是怎样发生的?"

"你在这么做的时候是怎么想的?"

"你为什么那么做?"

如果你感觉不能保持平静,那么最好过一会儿再与孩子谈话。不要轻易地指责孩子撒谎,除非你已有充分的证据。首先要查清事实,才能不冤枉他,让他心服口服,知道自己错在哪里。中国文化中对惩罚有这样的原则:"有心为善,其善不赏;无心为恶,其恶不罚。"意思是说,成心做好事,不必去表扬,无知犯错误,不必去惩罚,而明知故犯者,一定要严惩。对于无知犯错的孩子来说,比惩罚更重要的是明辨是非。

父母双方要保持态度一致,措施果断,让其真正知道自己错之所在。只有这样,才能培养孩子明辨是非、知错即改的品行。如果在对孩子实施惩罚之后,父母中的一方认为孩子受了委屈,随即又用钱物或食品来安慰他,这将会使惩罚失去作用。惩罚—奖励—惩罚的恶性循环会使孩子产生认知偏差,错误地将犯错和受奖联系起来,从而使惩罚归于失败。

(二)及时惩罚莫迟疑

惩罚的效果部分是来自条件反射,而条件反射在有条件刺激和无条件刺激的间隔时间越短则效果越好。所以优秀的家长一旦发现孩子的行为有错,只要情况许可就会立即予以相应的惩罚;如有客人在场或正在公共场所不允许立即作出反应,事后则会及时地创造条件尽可能使孩子回到与原来相似的情境中去。他们和孩子一起回顾和总结当时的言行,使孩子意识到当时的错误行为,并明确要求他改正。

(三)讽刺挖苦要不得

父母惩罚孩子应力戒讽刺挖苦,更不能随意用恶毒的语言指责谩骂孩子。有些家长在惩罚孩子语言不文明、满口脏话,这种窘迫只会导致孩子认为你卑鄙或者是不公平,就会使家教效果大打折扣,甚至失去说服力。孩子也会上行下效，造成不良影响。惩罚要以温情做基础，在惩罚时怀有同情心，这样的结果会比较积极，一旦孩子明白自己的错误，会很容易理解惩罚背后的鼓励。

（四）惩罚的“量刑”要适当

惩罚是依据孩子的不良行为的大小做出适当的处理。惩罚孩子的目的是为了使孩子变好，那么惩罚的程度就必须合乎孩子的行为。惩罚过重容易引起孩子的对抗情绪，太轻了又不足以使孩子引以为戒。因此惩罚孩子要以达到目的为原则，既不能轻描淡写，又不能小题大作。大教育家洛克说过：“儿童第一次应该受到惩罚的痛苦时候，非等完全达到目的之后，不可中止；而且还要逐渐加重”，其中的道理耐人寻味。对孩子进行简单而行之有效的惩罚，要比苛刻的惩罚更有立竿见影的效果。

（五）让孩子知道受罚的原因

惩罚孩子不能半途而废，应要求受罚的孩子做出具体的改错反应才能停止。所以在惩罚孩子时，家长要态度明确，跟孩子讲清楚他应该怎么做，达到什么要求或标准，否则有什么样的后果。要使孩子清楚地懂得自己做错事情的原因，让他们吸取教训。如果父母没有经过这一阶段，直接对孩子做错的事数落不休，或者体罚，孩子可能不清楚因果之间的联系，就不能让孩子培养正确的是非观念，只会增加孩子的恐惧和敌意。先问问孩子：“你这样是对还是错？”不要一开始就亮出你自己的观点，而是尽可能让孩子发表自己的意见。然后，你再心平气和地让孩子知道你的观点以及原因。

如孩子有乱丢东西、不爱整理的习惯，家长在惩罚时就应该让其自己收拾好东西、整理好玩具，使其明白必须做好，否则又要受罚。家长千万不能含糊其词甚至让孩子“自己去想”。家长不给“出路”，孩子改错就没有目标，效果就不明显。孩子的是非观念通常有些薄弱，父母可以让孩子从更深的角度思考问题，比如考虑自己行为的影响、对他人的伤害等。不要对孩子讲大道理，要从孩子的理解能力和认识水平出发解释问题。最好指出孩子的行为对别人带来的影响，比如“看看，你把她弄哭了”，或者强调受害者的感情，如“你伤害了他的自尊心，他现在不高兴了”。这样做能促进孩子的道德成长和增强他亲近社会的行为。让孩子设身处地地替别人着想。对很年幼的孩子，可以用一种“演戏”的方法，通过心理换位思考问他的感觉是什么；对于大些的孩子，则可以跟他深入谈谈，和他分析别人的感情。

（六）鼓励孩子改正错误

孩子不仅要认识到自己错了，更重要的是要知道该做些什么来改正错误。对于一些不太重要的问题，只要和孩子讲清道理就可以了。但如果孩子的行为已经带来伤害，就应该鼓励孩子采取措施进行补偿。这样，可以让孩子意识到自己行为的后果，清楚地理解“责任”的意义。

可以先让孩子冷静思考一下自己的行为，想想怎样改正。让孩子写封信，说明自己做错的事，以及准备做些什么改正。或让孩子写信、打电话，或者当面向受害者赔礼道歉，如果需要，陪孩子一起去。也可以让孩子用零花钱赔偿弄坏的东西，或者将拿走的东西送回去。另外，可以让孩子说几件本来可以做的事取代错误行为。

（七）“餐桌教子”不可取

由于工作繁忙，很多父母没有时间管教孩子。于是餐桌往往成了一个教育孩子的好时机，美其名曰“餐桌教子”。但这种方法并不可取。餐厅是全家团圆、感情汇聚的欢乐地。父母若将进餐时间当作教孩子的课堂，将会给孩子的身心健康造成不良影响。吃饭时训子会影响孩子的消化和吸收，甚至让孩子得胃病。孩子受到训斥后，边吃边哭，很容易在抽泣时将食物吞咽到气管里去，引起强烈的呛咳，甚至呼吸受阻，危及生命；此外还会造成孩子心理压抑、情绪低落，使两代人之间的隔阂越来越深。

（八）避免在公共场合教训孩子

在别人面前指责、训斥自己的孩子会极大地伤害孩子的自尊心。在孩子犯错的情况下，对其进行适当的惩罚是必要的，但一定要在尊重孩子人格、维护孩子自尊心的前提下进行。教育是一种唤醒，唤醒人身上的潜能。在惩罚一个人时，最重要的是唤醒人的自尊自信：我是真正的人，优秀的人，错了应该受惩罚，接受惩罚是为了更好地做人。

英国教育家洛克说过一句话：“父母不宣扬子女的过错，则子女对自己的名誉就愈看重，他们觉得自己是有名誉的人，因而会更小心地维护别人对自己的好评；若是当众宣布他们的过失，使其无地自容，他们愈会觉得自己的名誉已经受到了打击，设法维护别人对自己好评的心思也就愈淡薄。”因此，公然教训孩子是不可取的。

（九）让孩子自己选择受罚方式

孩子犯了错误，家长可以给孩子自己选择受罚方式的机会。让孩子有选择的自由，个性强的孩子会试试看他是否真的有选择的余地，家长在这时不可以干涉孩子的决定。让他自己把事情搞砸了，他就会知道什么叫负责，即自己承担事情的后果。从小就让他学会负责，通过自己“受难”了解责任的重要性，比家长仅仅口头告诉他要来得更为深刻有效。如果孩子在小时候没有承担责任的勇气，长大后也不知道该如何对事情负责。

总之，惩罚也是教育孩子的一个重要手段，只要运用得当就会收到极好的效果，既可以帮助孩子改掉错误的行为，又不会让孩子产生逆反心理。

三、可供借鉴的惩罚案例

著名教育家陶行知先生，也是一名校长。有一天，陶行知看到一个男生用砖头砸同学，便将其制止并叫他到校长办公室去。当陶校长回到办公室时，男孩已在那里等他了。陶行知先生明白教育小男孩的契机来了，他掏出一颗糖给这个同学，说：“这是奖励你的，因为你比我先到办公室。”接着，陶校长又掏出一颗糖，说：“这也是给你的，我不让你打同学，你立即住手了，说明你尊重我。”

男孩摸了摸头，将信将疑地接过第二颗糖。陶行知又说道：“据我了解，你打同学是因为他欺负女生，这说明你很有正义感，我再奖励你一颗糖。”

这时，男孩感动得哭了，说：“陶校长，我错了，同学再不对，我也不能打他。”陶校长于是又从口袋里掏出一颗糖，说：“你已认错了，我再奖励你一颗糖。我的糖发完了，我们的谈话也该结束了。”男孩拿着四块糖果，带着感动离开了校长办公室。

正确地教育孩子，他可能成为一个有纯正品质的人，如果方法不当也有可能成为一个有暴力倾向的人。陶行知先生的四块糖果，让小男孩明白了什么才是真正的爱，什么才是真正的勇气。

面对一个犯了错误的孩子，批评是必要的。但有时宽容的效果更佳。

在古代，有一位老禅师，一天晚上在禅院里散步，看见院墙边有一张椅子，他立即明白了有位弟子违反寺规，翻墙出去了。老禅师也不声张，静静地走到墙边，移开椅子，就地蹲下。

不到半个时辰，果然听到墙外一阵响动。随后，一位小和尚翻墙而入，黑暗中踩着老禅师的背脊跳进院落。这时，小和尚才发觉，刚才他踏上的不是椅子，而是自己的师父。这事不小，顿时令小和尚惊慌失措，瞠目结舌，只得站在原地，等候师父的责备和处罚。老禅师以很平静的语调说："夜深天凉，快去多穿一件衣服吧。"

出乎所有人的意料，师父并没有厉声地责备小和尚。一句平静话语，让小和尚顿悟，内心成长了许多。从这之后，小和尚再也没有偷偷出去玩，从此专心致志学习佛家经典著作，领悟人生道理。家教也是如此，家长要善于运用宽容的力量，让孩子内心深处受到触动，获得前进的力量。宽容的力量，往往会带来一个圆满的结果。

正确处理孩子的叛逆

有叛逆情绪，开始顶撞父母和老师是孩子精神成熟的一个重要标志。叛逆心理是青少年在成长过程中经常会出现的一种心理状态，是该年龄阶段青少年的一个突出的心理特点，也是一种有主见的象征。

一、孩子叛逆性出现的原因是什么?

（一）青春期的孩子因为身体发育而产生了一些属于青春期的独特心理。身体上的变化、第二性征的出现给他们的心理造成了一些冲击，他们往往会对此感到不知所措，因此，他们便会产生浮躁心理与对抗情绪。

（二）除了身体上的发育并趋于成熟外，青少年还渴望独立，希望周围的人把自己看作成年人，因此在面对问题时他们常常呈现一种幼稚的独立性。自我意识的增强、社会上各种新奇的事物让青少年们产生兴趣，他们要通过表现个性、追逐时尚等方式来满足好奇心。青少年正处于心理的“过渡期”，其独立意识和自我意识日益增强，迫切希望摆脱成人的监护。他们反对成人把自己当“小孩”，而以成人自居。为了表现自己的“非凡”，就对任何事物都倾向于批判的态度。正是由于他们感到或担心外界忽视了自己的独立存在，才产生了叛逆心理，从而用各种手段、方法来确立“自我”与外界的平等地位。叛逆的孩子有时不免会大动肝火，但是永远只能按父母的指令行事的孩子，同样也会令人担忧。

（三）社会和家庭教育的一些不足。在家庭教育方面，是家长的教育方式和方法不适应孩子。父母从小忽略了修养孩子的心理和性情，导致孩子长成了任性和反叛的个性。父母与孩子的感情淡薄或者存在距离，譬如父母性急或者脾气太大，不问缘由，一通责备甚至一通教训，要求孩子认错，不顾周围环境，不顾及孩子的感受，自然容易引发孩子的逆反和抵触；还有就是不能理解孩子而主观地处罚孩子，这也容易引发孩子的抵触情绪；再有就是父母不了解自己的孩子，而委屈了孩子，这种现象在生活中极为常见，父母没有给自己申诉的机会或者根本就不听自己的解释，孩子自然容易反抗。假如生活中时常出现类似的打击，孩子自然容易长成叛逆的性情，一个孩子一旦有了叛逆性，父母再想教育就难了，孩子甚至会拒绝与你交流，这是家庭教育失败的一种现象。

其实叛逆说明在不经意中孩子已经一天天地长大，一天天地走向脱离父母，走上属于自己的人生轨道了。面对孩子的成长，父母没有必要悲观，而应感到高兴。

在孩子有逆反苗头的时候，家长首先要反思，也许是自己正在挑起这种情绪，或者孩子对自己的什么地方有意见，并有针对性地找办法解决。

父母面对孩子的叛逆，就一定要用心寻找适合孩子的教育方法。没有哪一种教育方法，都适合每一个孩子，只要父母用心了解孩子，找到适合自己孩子的教育理念和方式就是最好的教育。

二、如何看待孩子的逆反心理？

（一）冷静对待

有一个清醒的心理准备，教育这样的孩子难度必然大，需要付出更多的努力，只有有了这样的心理准备，才可能以一种理智的心态面对孩子。我们要了解孩子身心的变化，理解孩子的这些变化其实都不是什么大问题，在此基础上，坦然地接受孩子的变化，并转换角度，从孩子的立场看问题。父母在面对脾气大的孩子时，不能轻易地选择退让，那只会令自己处于更加弱势的位置；选择强大的火力对孩子进行压制也不合适，那只能令孩子奋起抵抗。最好的办法还是给彼此一个冷静的空间和时间，在孩子心情不错的时候，进行交流式的沟通。让孩子了解父母是真诚与自己相处，这样，孩子才会打开心扉让你进去。只要把握孩子的心理和特性，孩子并不难说服。假如父母只是出于教育而忽略了孩子的感受，就是再多的道理孩子也听不进去，再多的感情付出也容易被孩子辜负。面对脾气大的孩子，父母首先要做的就是了解孩子、理解孩子、走近孩子，那么孩子的脾气是完全可控、可治的。

（二）找出原因，对症下药

每个青春期孩子产生逆反心理的原因和表现都是不同的。如果女儿只是尝试穿妈妈的高跟鞋，用妈妈的化妆品，或者儿子换了一种新潮的发型，完全可以把这种现象当作普通的爱美之心。如果孩子事事和您作对，拒绝接受您的任何意见，就需要第三方的介入，让孩子信任的长辈与他好好沟通；或者寻求心理医生的帮助，进行家庭干预或家庭治疗。

注意孩子的情感需要。孩子希望能经常与父母进行情感交流，而不是天天听到父母唠唠叨叨地只关心他们的学习。这样，会让孩子心有压力，怀疑家长交流的动机。交流时，不妨多与孩子一起聊聊他们感兴趣的话题，倾听孩子的心声，征求孩子对某些事的意见，或者多陪孩子参加一些他们感兴趣的活动，等孩子的情绪稳定下来后，再谈正事。

满足孩子的合理需求。如果孩子叛逆是因为合理需要得不到满足所致，那么父母就应在自己的能力范围之内，尽量满足孩子的要求，哪怕是一部分要求也行。

走进孩子的内心世界。当孩子的兴趣影响学习时，父母多会严厉制止，但通常适得其反。如果能先不动声色地走进孩子的内心世界，了解他们的兴趣，因势利导，孩子产生叛逆的概率就会大大下降，彼此之间很容易成为知心朋友。

（三）提前预防

从小就和孩子建立良好的亲子关系，积极和孩子进行沟通。在和孩子沟通时，最好以朋友的方式，将孩子当作一个独立的个体尊重。先了解自己的孩子，然后制定适合孩子的教育方法，只有这样，孩子才能更好地接受教育。

青春期的孩子最渴望独立，最反对过多的干涉。事实上，父母过多的干涉是对孩子不信任、不尊重，它会让孩子烦躁不安，产生抵触情绪与叛逆心理。充分尊重孩子，允许孩子有自己的秘密，这才能让他们感悟自我、体验成长，平稳走过逆反期。对孩子多帮助、少指手画脚，尊重孩子的“隐私权”，用行动感化孩子那颗叛逆的心，让他们回到正常的心理状态上。

（四）转变教育方法

现在的孩子营养条件好，生理发育迅猛，加上信息及传媒发达，许多事孩子远比家长想象中懂得多。孩子在变，父母只有适时地调整教育理念和方式，才能更好地适应孩子的成长。比如，孩子小时候多是父母讲、孩子听，孩子没有意见。一旦孩子上了中学，就应尝试双向沟通，多听听孩子的内心想法。如果发现某种沟通方法行不通，就应及时转变方式，尝试有效的沟通方法。做孩子的听众与顾问，营造“聆听的氛围”，将大大有益于亲子沟通。这种气氛的营造不是一蹴而就的，是需要花时间的。父母应经常抽空陪伴孩子，利用共处的机会听孩子说话，做孩子的顾问。家长在生活中引导和启发孩子，少用说教方式。用生活里的小事来启发孩子，这会更有说服力。

（五）不要让孩子盲目听话

教育孩子的目的不是为了让他成为一个没有自己思想只会听从命令的人。因此，不妨告诉孩子："爸妈并不是要你盲目地听我们所说的每一句话，什么话都听的孩子就是庸才。"让孩子感受到父母对自己的理解。适当鼓励孩子有自己的思维方式和想法，保护孩子的想象力，激发孩子的创造力。青春期的孩子，他们有自己独特的思维，家长们如果用成人的思维方式粗暴地干涉，就会扼杀他们的想象力和创造力。可以给孩子一个行为标准，这个行为标准的制定必须是在和孩子已经站在统一战线的前提条件下，也就是孩子认可有时候父母的话是正确的。在这个标准下，他知道什么东西可以去执行，什么东西坚决反对，掌握好这个度就可以了。不是不管他们，而是怎样合理地管的问题。

综合来看，对于青春期孩子不听话的问题，一定要辩证地看。我们不需要培养那种盲目听话的"乖孩子"，因为"乖孩子"真正成为社会精英、业界尖子的不多。当然，并不是说"不听话"的孩子就一定聪明，出尖子。孩子的"听话"应更多地体现在生活规矩、行为道德上，父母应做出正确的引导，用于孩子的学习和对待事情上。

三、以朋友的身份与孩子"平等交流"

创造一个良好的沟通氛围十分必要，营造一个易于交谈、易于让孩子听进去的气氛，是说服孩子的前提。良好的沟通是建立在双方平等的基础上，父母以朋友的身份与青春期的孩子"平等交流"效果通常更好。"平等交流"的重点不是谈话的内容，而是双方平等轻松自在地交流沟通。至于谈话内容，最好多谈一些如何学新知、学做事、学做人等。交谈中，父母要注意从事情到关系、从事情到感情、从一般到特殊等原则，这样，既增进彼此感情，又有益于孩子的成长。

沟通时应该注意到的问题：

（一）设法扭转或事先打消妨碍接受父母管教的叛逆感。为了避免发生正面冲突，可利用第三方和写信、写日记及介绍大人自己的经验之谈的方式，用语言使之缓和下来，说“你的心情我理解”，表示理解对方的感情。反过来，也可以装作漠不关心，也是其中一种做法。孩子在未长大之前，做事情总是欠考虑，往往采取较为激进的做法，比如激烈地反驳家长。

（二）创造一种首先尊重对方，接纳对方，同时对方也能接纳自己的气氛。不是用指责、命令的口气，而是用建议或商量的口气说，如果对方顶嘴，就耐心听完对方的所有辩解。

（三）减轻孩子的精神压力。孩子心里早就有了听取责备的准备，父母可以对孩子说：“无论如何你让我说两句话。”大人一开始就创造出让孩子听的气氛，这样，即使稍有些刺激的劝告，孩子也能听得进去。此外，大人还可以以期待和信赖的口气对孩子说：“你一定能行。”避免用易于刺激孩子的话。还可以用促使其行动的话，根据其过错的程度灵活地劝告他。

（四）让孩子自己消除心中的不满，是最有效的办法。处于迅速成长时期的孩子会对父母怀有不平与不满的情绪。成长起来的孩子自我产生的要求，与父母所要求的规范不断地产生不相容之处，孩子则经过这种冲突，成长为更加成熟的大人。因此，无视和压制孩子的不平和不满，或者反过来采取因为令人厌烦而完全接受的随便应付的办法，孩子就不能如期望的那样成长。只有妥善地处理孩子心中的不平和不满，孩子才能健康地成长。

控制冲突升级的原则：孩子的内心一产生不平和不满，就要通过愤怒、反抗、抵触的态度表现出来。

第一个原则是阻止。父母事先拿出几种方案，让孩子自由地从中选择，即使孩子怀着不满作出了某种决定，也要从一开始就让孩子参加，让其感到是自己作出的决定。

第二个原则是避免正面冲突。首先让对方说出自己全部想说的话并痛快地接受对方的意见，让对方把能量释放出来；或者将其拿到不同的层面进行解决。比如说，“现在不行，可以在某某时候解决”，这样，可以把时间错开，达到“转移目标”的目的。

放手让孩子多参加实践活动

有这样一个寓言故事：有人问老鹰：“你为什么要在苍穹中培养自己的孩子呢？要是他们不小心掉下来，就会受到伤害呀！”老鹰回答说：“如果我贴着地面去教育他们，那他们长大了，哪有勇气去接近太阳呢？”

其实，人类教育孩子也应该如此。只有让孩子充分地体验生活的酸甜苦辣，孩子才会知道生活的艰辛，才会为长大后进入激烈竞争的社会做好充分的准备，迎接生活的挑战和考验。

人类一切真知源于实践，并在实践中深化和检验。对孩子来说很多道德认知不是灌输来的，而常常是在实践中体验到的，即便是灌输的道德认知，没有实践体验也是不牢固的，很难形成道德观念和道德意志。“纸上得来终觉浅，绝知此事要躬行。”人类积累的文化财富浩如烟海，教科书中的知识信息不过是沧海一粟。教材、教室、学校并不是知识的唯一源泉，大自然、人类社会、丰富多彩的世界都是人生的教科书。我国现代教育家、学者、著名文人朱自清先生说：“要让孩子在正路上闯，不能老让他们像小鸡似的在老母鸡的翅膀底下，那是一辈子没出息的。”所以，家长要更新观念，解开束缚的绳索，给孩子一片自由实践的天空。

劳动是人类最基本的实践活动，带领孩子去接触社会，接触大自然，接触现代科学技术，在现实生活中接受教育，得到锻炼，是实践性教育的原则。作为家长应该给孩子一些机会、条件，让他自己去锻炼去发展。这是孩子自身发展的需要，也是竞争日趋激烈的社会的客观要求。为了孩子的未来，为了下一代的明天，让他们在日常生活中、在劳动中体验乐趣。

一个人的动手能力在一定程度上可以反映一个人的思维敏感度。所谓的“心灵手巧”其实就说的是这个道理。因为灵巧的双手不仅关系到一个人的自理能力、学习能力，它还是一个人大脑发育良好的标志之一。科学研究表明，在大脑中支配手部动作的神经细胞有20万个，而负责躯干的神经细胞却只有5万个，可见大脑发育对手部灵巧的重要性、手部动作灵敏对大脑发育的重要性。也许，孩子第一次洗脸总会洗不干净，孩子第一次动手吃饭总会弄脏衣服或搞得满桌狼藉，但不要因为怕麻烦而阻止孩子的“第一次尝试”，当孩子有了第一次尝试的举动，父母及时给予鼓励和支持。一个从小被剥夺了劳动机会的孩子，长大之后往往会成为一个懒惰的人。孩子的动手能力和生活自理能力与父母的教育方式直接相关。父母对自己的孩子一味溺爱，什么都不让孩子动手，只会使孩子失去了实践和锻炼的好机会，因此，父母应在日常生活中，让孩子也去做一些力所能及的家务，培养其动手能力，对孩子有利无害。

美国哈佛大学经过多年的研究后发现：那些从小经常参加劳动的孩子，即使他们小时候只是从事些简单的家务劳动，比起那些不劳动的孩子生活幸福得多，并且长大后的失业率、犯罪率、离婚率以及各种精神疾病发病率都大大低于不喜欢劳动的孩子。这是因为经常在家庭和集体中做事，能够使孩子建立起坚强的自信心。这一时期也是锻炼各方面能力和技巧的最佳时期。因为青少年骨骼和肌肉还没有定型，思维也比较灵活，所以最容易学习和掌握新的技能技巧。因此，在培养孩子劳动技能时，鼓励孩子：要使自己将来成为一个受人尊敬的人，就要从现在做起；当孩子获得劳动成功时，家长们要通过适当的表扬和奖励，共同分享成功的欢乐，从而激发起他们劳动的兴趣。

孩子的事家长代替做，不仅不会给孩子带来什么幸福，相反地，孩子会因为失去自己做事的机会而苦恼。因为，这既品尝不到成功的快乐，也体会不到失败的痛苦，孩子品尝的是成人禁止他们干他们想干的事的悲伤和怨恨，这对于孩子的成长有百害而无一利。帮助孩子而不是亲自出马，也就是指导孩子去克服各种困难，这种帮助能使孩子早日获得独立生活的能力。

孩子在成长过程中需要父母给予必要的劳动生活指导，这对孩子的全面发展至关重要。劳动生活指导主要是指对孩子劳动生活能力、劳动生活方式和生活态度等方面的教育，旨在培养孩子生活的基本能力，提高孩子的生活质量。从孩子学会独立行走的那天起，做父母的就要有意识地鼓励孩子去做自己能做的事。培养孩子的动手能力十分重要，也并不困难，家长要从孩子小时候抓起。很多家长认为，劳动只是大人的事，孩子只要学习好，生活得无忧无虑即可。其实，这种方式不利于孩子的成长，也不利于他将来独立自主地生活。现在的社会发展对个人的素质已经提出了很高的要求，家长们必须让自己的孩子在小时候就学会劳动，为将来进入社会做准备。青少年阶段是培养劳动生活能力的重要阶段，父母是对青少年进行指导的最好的老师。在日常生活中，父母要注意培养孩子基本的生活自理能力，培养承担家庭责任的能力，如承担家务劳动，参与家政决策等；培养提高生活质量的能力，如追求健康的、丰富多彩的生活情趣，树立积极健康的人生观、价值观等。可以让孩子们通过独立地做事，体验到各种感情，这种复杂的感情与他人代替孩子或强迫孩子做事是大不一样的。

童年时期的自我教育正是从了解自己开始的，而且这种自我了解是非常愉快的。当他完成了劳动的时候，他不仅十分惊讶地看着自己双手劳动创造出来的成果，而且还观察了自己本身：难道这是我自己做成的吗？像这样，孩子在慢慢地体验无与伦比的劳动乐趣的同时，还可以通过这件事来认识他自己。

要有效培养孩子的动手能力，父母应该根据儿童身心发展规律，有计划、有针对性地进行引导和教育。

一、让孩子从小承担一些力所能及的家务劳动

不仅锻炼他们的生活自理能力，更重要的是培养孩子的一份责任感，而这种责任感一经形成，它所产生的影响是深远的，有助于培养孩子吃苦耐劳的精神。让孩子珍惜劳动成果、尊重劳动者，更重要的是培养孩子的自立精

神。在孩子幼小无知时，家长要抓住孩子的劳动欲望，培养他们的劳动习惯。启发孩子的自觉性，让孩子从“要我做”变成“我要做”。要告诉孩子动手能力是人生极为重要的一种能力。手和脑是互相促进的，在动手的同时脑子也会变得灵活。这是一个思想转变的问题，也是让孩子体验劳动快乐的基础。

儿童时期，是孩子身体生长发育的关键时期，这要求父母在孩子的不同年龄阶段，提出相应的要求。三岁以后的孩子，应该让他学会自己吃饭，学会按一定要求漱洗、如厕、铺床叠被，以及上床之前放好自己脱下来的衣服、鞋袜，学会收拾自己的玩具和小人书等。五六岁的孩子，可以安排一些常规性的家务劳动，如扫地、浇花、抹桌子，或是取牛奶、拿报纸等。选择孩子能胜任的事，从孩子自我服务劳动开始，让他获得成功，激发他进一步劳动的热情。

孩子再大一点的时候，家长应随时随地培养孩子的动手能力。学习电子琴、钢琴、打字等都可以灵活锻炼手指，促进眼、耳、脑、手的配合，既开发了孩子的智力又掌握了一定的技能。在日常生活中，家长也还可以让孩子自己动手剥鸡蛋，让他先磕一下，再一点点地把鸡蛋皮剥下来，皮上还要尽量不带蛋白。经过多次练习，孩子就会熟练地自己剥鸡蛋了。这对灵活运动孩子的手指、腕部关节，提高动手能力是十分有益的，同时，还能培养孩子的耐心。因此，培养动手能力并不一定需要花很多钱，用家里平常的东西，只要家长肯于动脑，照样能培养出心灵手巧的孩子。随着孩子年龄的增长，要从自我服务性劳动如收拾自己的玩具等逐渐过渡到帮助父母做一些家务劳动，如择菜、淘米、洗碗筷、洗衣服、打扫房间、给花木浇水等，还可以参加一些社会公益劳动。由简到繁，由少到多，由己及人。

二、父母要做到因势利导

运用恰当的方法鼓励其持之以恒。在家务劳动过程中，孩子需要家长的鼓励，但家长不要经常用物质奖励来鼓励孩子做家务，以免误导孩子为得到物质好处才做家务。父母在培养孩子良好劳动习惯时，要注意为孩子创造特殊劳动条件。孩子个子矮气力小，最好为他提供合适的小桌椅、小脸盆、小毛巾。玩具、图书、衣服都要放置在较低的地方，以便于孩子自己取放。稍大的孩子可以为他做小围裙。准备一些适合他们身高、体力的小扫帚、小抹布、小喷壶、小水桶、小钉锤等工具，使孩子拥有自己的一片小天地，让孩子爱护自己的“私有财产”。

有的家长眼光远大，很善于教育孩子。他给孩子准备了一只工具箱，里面放上尺子、小螺丝刀、小剪刀、针线等工具，让孩子做一些力所能及的修补工作，如与家长一起修理自行车、煤气灶、钟表之类的家具。这样，一方面可以培养孩子的动手能力，掌握一定的技能，同时，也可以培养孩子勤俭节约的意识，使孩子体会到家长劳动的艰苦性，从而增进孩子与家长之间的感情。

儿童认识事物、思考问题有其自身特点，在认识上，以感性认识为主；在思维上，以形象思维为主。要想在孩子心田里真正植下尊重劳动、热爱劳动的种子，父母就要注重提供丰富的感性材料。节假日带孩子去工厂，看看纺织工人怎样工作；去农村，看看农民在田野里怎样辛勤劳作等。这些都会在孩子心灵上留下深刻印象，潜移默化地影响孩子。

与鼓励密切相关的是宽容，不要因为孩子干得慢、效果差，或弄脏了衣服，打了盆、摔了碗而抱怨、指责，家长应帮助孩子分析原因，指导孩子学会实践，明确应该如何做。多表扬、多鼓励，不苛求、不责备，可以不断激发孩子参加家务劳动的兴趣和自觉性。另外，要提醒孩子注意安全。比如，教给孩子煤气、电器的使用方法，剪子、刀具、化学洗涤剂等在使用过程中的注意事项等。让孩子先掌握工具的使用，再学会做其他事。动手劳动是要付出代价的，会使孩子感到疲乏和劳累。但劳动是会有收获的，当孩子看到自己的劳动成果时，会感到精神上的满足，这种满足感会进一步推动他喜爱劳动，形成习惯。

三、父母要在日常生活中做孩子的榜样

父母自身要端正对做家务的态度，不要让孩子从父母的言行、举止察觉

出做家务是件令人讨厌的事情。夫妻俩对家务的分工要妥善安排，避免让孩子产生“做家务是女孩的事情”的错误观念。还应该让孩子认识到：“家”是属于每个人的，家里的事情，大家都有义务去做。此外，父母要以身作则，确实贯彻“今日家务今日做，自己负责的家务自己做”的原则。没有什么比跟孩子一起做更有趣的事情了，社会心理学家约翰·迪法兰和尼克·史汀曾询问过100名学龄儿童：“你认为怎么样才算是一个快乐的家庭？”答案出乎意料，孩子们回答最多的是：“与家人一起做一些事。”很多时候，孩子不是不愿做家务，只是不喜欢一个人做而已。为此，父母可抽空与孩子一边做家务，一边聊天，甚至交换彼此的心得，让孩子感受劳动的乐趣。

四、让孩子融入大自然，热爱大自然

苏联著名教育家苏霍姆林斯基曾说过：“人在同植物、土壤、牲畜打交道的过程中所获得的道德上的、美学上的满足，将使他的生活充满乐趣。”让孩子在神奇的大自然里畅游，把书本中的知识与现实生活结合起来，就能牢固地储存在记忆里。同时让孩子在自然中玩耍，亲自去听、去看、去摸、去感知，亲身感受到花草树木蓬勃生长，可爱的动物健康成长，体味那份轻松与愉悦，就会以更积极向上的态度学习、生活，形成健康、优秀的个性品质。

每年三月，可以带孩子到郊区去踏青，寻找春天的足迹；和孩子一起扎一只风筝，到郊外去放飞，分享他们的快乐；还可以利用假期带孩子外出旅游，饱览祖国的锦绣山川……共同领略自然的美妙。另外，还要尊重孩子的意愿，给他们充分的时间和空间享受自然。爱玩是孩子的天性，在一望无际的沙滩上打几个滚；在玉米地里捉迷藏；培育一株小苗；喂一喂小动物……让孩子充分享受阳光、空气、泥土、花朵和动物带给他们的愉悦，体会生活和生命的意义，健美人生。

身教胜于言传

古语道：其身正，不令而行；其身不正，虽令不从。父母身体力行，为孩子做一个好榜样，孩子就会在父母的影响下健康成长。身教胜于言传，耳濡目染的小细节，要比一大堆的空话和道理强得多。人的幸福感最重要的部分来源在于家庭，亲子关系是人生中最华美、最丰富的内容，但做父母是最具有挑战性的事业。在人的一生中，父母是最特殊、最重要的身份，父母角色是需要一生来学习的。从家庭教育的角度看，家长扮演的角色和发挥的作用主要体现在：父母是孩子的第一任教师；父母是孩子长期、全方位的教师；家长是家庭教育的责任人和执行者；家长是孩子的行为榜样，孩子的问题与家长的教育有关。

父母是孩子的第一任启蒙老师，父母的一举一动，对孩子说都有重要的影响，甚至会影响孩子的一生。因此，要想教育好自己的孩子就首先要以身作则。以自己的行动作为榜样，以榜样的力量去影响孩子的发展。苏联教育家马卡连柯指出：父母自身的行为在教育上具有决定意义，不要以为只有你们同儿童谈话，或教导儿童、吩咐儿童的时候，才是在教育儿童。在你们生活的每一瞬间，甚至当你们不在家的时候，都在教育着儿童。因此，父母不应该站在自己的位置上来考虑自己的言行，而应该从儿童的特点出发去检点自己的言谈举止。苏霍姆林斯基说过：“没有父母的榜样……只是‘说’，那不是教育，‘打’的结果更糟。最重要的是以身作则，给孩子做好榜样。因此，父母的举止行动非常重要。”

古时候．曾子的妻子要去赶集，儿子哭着也要去，妻子哄儿子说：“你在家里待着吧，我赶集回来杀猪给你吃。”

儿子一听这话，立刻就不哭了，于是在家乖乖玩耍。快到中午的时候．曾子看见妻子赶集回来就放下手中的书，拿起一把杀猪刀，在磨刀石上霍霍地磨起来，妻子看到了，赶忙问：“你这是干什么？”曾子回答：“你不是说赶集回来就杀猪给儿子吃嘛。”妻子阻止道：“我只不过是哄哄孩子罢了，你何必真杀呢？”

曾子认真地说：“对孩子不可说谎，孩子会模仿父母的言行，如今你欺骗孩子，就是教孩子骗人，这样怎能教育好孩子呢？”妻子无言以对。于是，曾子就找人帮忙把圈里的猪给杀了，让儿子美餐了一顿。

这就是“曾子杀猪取信”的故事。曾子以身作则，为了教育孩子要诚实，不撒谎，果真把猪给杀了。我们可想而知，曾子的儿子也会受到父亲的影响，长大以后言出必行。

孩子的可塑性很强，父母好的行为会对孩子起着良好的示范作用，父母的不良行为也容易让孩子学坏。因此，父母的行为会在孩子的幼小心灵中起到“随风潜入夜，润物细无声”的作用。

教育孩子的过程也是一个教育自身的过程。保持自己的勇气，敢于承认自身的缺点，并改正，才是对孩子最为有效的教育与培养。人类生活在社会大家庭中，每一个人的行为都要受到社会规范的约束。规范不是玄妙的观念，也不是空洞的说教，它是一种行为法则，是根植于我们头脑中的趋于本能的对事物的理解与尊重。每一个社会，每一个时代，都有自身独特的对社会规范的理解，有自己独特的价值系统，但无论是过去还是今天，中国还是外国，都有一些共有的对基本价值的尊重与遵守。这些基本的价值包括：诚实、勇敢、自律、忠诚、无私和公正等。无论在家庭和学校，孩子都在有意无意地接受这些价值观的熏陶，学校中更偏重于直接的灌输与纪律的约束和名誉的鼓励，那么在家庭中，父母的榜样作用可以最有效地培养孩子的道德、价值观念。

孩子善于模仿，尤其在儿童时期。“上梁不正下梁歪”，父母不做表率的话是很难达到预期的教育效果的。家长言谈举止、待人接物等对孩子的成长具有极其重要的示范作用。

所以，家长要充分利用身教的力量，提高自身修养，为孩子做一个好榜样，更要利用自身榜样的作用教育孩子，这样，才能达到预期的教育效果。

想要达到良好的教育效果，家长首先就要提高自身修养，言行一致为孩子做一个良好的榜样。这不仅可以增加自身的人格魅力，还有利于用科学的方法教育孩子，更利于自己和孩子之间的沟通。

作为父母要给孩子做好尊重别人的榜样。

父母不要随便在家里谈论其他人的隐私，也要允许孩子有自己的秘密，不乱动他们的东西，尊重他们的隐私。如果孩子确实在某方面出现问题，要以尊重为前提进行帮助。

孩子的模仿能力很强，父母怎么做，他们也会怎么做。所以父母在处理事情上应该持公正的态度，这样，有助于树立公正意识。父母也不要在孩子面前嘲笑或讽刺别人，否则会让孩子变得尖酸刻薄。

父母应该保持理智，避免和孩子发生正面冲突，更不要试图以暴力解决问题，因为那样只会让反抗无限延长。想通过一次教训使孩子不犯错误是不可能的，只能通过教育和指导让他们尽量少犯错误。

在孩子做力所能及的事情时，父母不要在旁边指挥，而应该放手。孩子的想象力是无限的，自己动手往往能得到意想不到的结果。

当我们的孩子长大后，随着人生境遇的转换，时代的变迁，可能会生长出与父母不同的价值观，我们不可能永远将他们纳入自己的道德体系，但我们给予他们一个牢固的基础，使他们在有意识的摸索中形成自己的新价值，他们会记住自己的父母是如何勇敢地对待自身的缺点，这种勇气与坦率会鼓励孩子做终生的探索与自我培养，不致迷失方向。

父母给孩子树立规则，需要注意以下几点：

一、全家生活有规律，吃饭、睡觉、游戏都有固定的时间和节奏。让孩子生活规律，父母要做好表率作用，全家生活都要有规律，孩子才能真正过上有规律的生活。

二、不要把孩子的问题当成自己的问题，不要看到孩子的某种行为不合己意就要求孩子立刻改正，否则就感到是自己做父母的失败；也不要听到孩子的哭声就心如刀绞、内疚自责，想办法哄住孩子、讨好孩子。父母和孩子划清界限，让孩子对自己的情绪和行为负责。同时父母也需要面对自己的内心恐惧，看看到底自己在担忧什么。